U0062129

全球華人@中美脫險

邱立本　著

www.cosmosbooks.com.hk

書　　名　全球華人@中美脫險

作　　者　邱立本

責任編輯　杜　娟

美術編輯　蔡學彰

出　　版　天地圖書有限公司

　　　　　香港黃竹坑道46號

　　　　　新興工業大廈11樓（總寫字樓）

　　　　　電話：2528 3671　傳真：2865 2609

　　　　　香港灣仔莊士敦道30號地庫（門市部）

　　　　　電話：2865 0708　傳真：2861 1541

印　　刷　美雅印刷製本有限公司

　　　　　香港九龍觀塘榮業街6號海濱工業大廈4字樓A室

　　　　　電話：2342 0109　傳真：2790 3614

發　　行　聯合新零售（香港）有限公司

　　　　　香港新界荃灣德士古道220-248號荃灣工業中心16樓

　　　　　電話：2150 2100　傳真：2407 3062

出版日期　2023年7月／初版・香港

楔子：奇特書名的緣起

　　為什麼這本書的名字如此奇特？《全球華人＠中美脫險》，其實是借用電腦時代的符號＠，來展現全球華人與中美脫險的奇特鏈接。全球華人與中美脫險看似沒有關係，但在一定的氣場下，則是不可分離，煉成一體。在歷史的機緣下，全球華人與中美脫險結合，煥發了新的動力，成為時代最新的呼聲。

邱立本

序：全球華人最新的奇特氣場

　　沒有人會想到，全球華人社會正造就一個奇特的氣場，凝聚了內部力量，對外展示前所未有的影響力。這是因為全球化格局出現新的變化，科技的應用也日新月異，而全球華人在意識形態爭議的漩渦中，卻煥發新能量，在世界史上留下不可磨滅的烙印。

　　這主要是新型社交媒體與短視頻崛起，讓新一代華人打破各種地緣政治的壁壘，彼此的距離不再遙不可及，而是「這麼遠，那麼近」。台灣的中學與大學女生愛上總部在上海的小紅書美妝博主的節目，讓綠營政客驚恐，揚言要禁掉小紅書，但 Netflix 播出的台灣政治選舉劇《人選之人——造浪者》濃縮版本的介紹也在大陸的抖音與小紅書爆紅，它反映的台灣政治生態也讓中國大陸一些保守官員感到忐忑不安。

　　但社交媒體的短視頻如病毒散播各種信息都難以禁絕，在 YouTube（又被戲稱為「油管」或 YT）、臉書、抖音、小紅書等社交媒體上，全球華人第一次如此緊密相連，彼此互動。也許他們在政治理念上迥然不同，

但在生活上、文化上、流行時尚方面都有很多共通之處。大陸的觀眾一般上不了 YT 和臉書，卻往往可以「翻牆」，尤其在很多國際企業的辦公室，「翻牆」軟件 VPN 其實是標配。

短視頻的溝通，當然是因為台海兩岸都用中文，都說普通話（中國國語、華語），也因為中華文化的力量。過去在文革期間，中國的傳統文化被揚棄和貶低，而台灣當時是中華傳統文化的守護者，是中華經典的燈塔，但如今兩岸逆轉，台灣在綠營的操控下「去中國化」，而中國大陸則是全面復興中華文化，無論是官方綜藝節目還是自媒體，都高舉中華文化大旗，如《典籍裏的中國》、《中華好詩詞》、或是「意公子」談唐詩宋詞、何楚涵談文學與歷史等，吸引了大陸以外的受眾，包括台灣的新一代，對於被綠色政權所唾棄的傳統感到興趣，而東南亞的觀眾，也對這些一度飄遠的中華文化感到特別親切。

頗令人意外的是台灣的政論節目，在台海兩岸以外的地區，都擁有不少粉絲。如台灣的名嘴郭正亮、賴岳謙、雷倩等節目，在 YT 上都收獲來自馬來西亞、新加坡、泰國、印尼等地的觀眾。在台灣曾經被封殺

的中天電視新聞，搬上了 YT 之後，也意外獲得東南亞與北美的粉絲支持。這都顯示全球華人的力量，穿越各種過去被視為難以穿越的界限，即便在中國大陸，台灣的藍營的媒體很多都能在不同的短視頻平台上看到，如《今日頭條》等，打破了過去難以越雷池一步的限制。

全球華人的氣場，是一個外延的概念，超越了族裔和血緣的限制，因為越來越多的其他種族都進入了學習中文與中華文化的圈子。近年在各大社交媒體上，不僅看到「老外」說流利中文，而且他們還開始寫暢順亮麗的中文，展現一個中文世界的新時代到來。

這也使得中文不再只是局限於中華民族的天地，而是屬於全球愛好中文的健筆。他們的口袋都帶着不同國籍的護照，但他們的心中都有一本中華文化的護照，裏面蓋上了他們對中文濃濃愛意的心靈簽證。

這也是因為中國在全球影響力的颷升，中文和英文一樣，不再是屬於一個民族，而是屬於全世界。正如英美文學不再等於英文文學，很多英文寫得漂亮的作家都不是盎格魯撒克遜族，而是包括了印度裔的奈

波爾（V.S. Naipaul）、黑人莫里森（Toni Morrison）、日本裔的石黑一雄、華裔的哈金等。前三位都是諾貝爾文學獎的得主，哈金也在英語文壇獲獎無數。這都顯示文字與族裔血緣分離，而是和文化契合，往往在多元化的繆思刺激下，召喚更多迷人的靈感。

中文勢力的擴大，也使得全球華人的定義擴大，不再只是種族的定義，而是文字和文化的凝聚力，可以讓中文的生命力延伸到更多不同的國度，超越中華民族，面向全球。這是二十一世紀初葉的歷史巨變。可以追溯五千年的中文，歷經各種朝代變化，上升到歷史新高峰，善用現代新科技傳播手段，展現獨特風貌，背後就是中國在全球力量的投射，讓更多的國家開始從小學或中學教漢語。中文成為與英文爭一日之長短的語言，並後來居上，預料會在本世紀超過英文，成為全球最多人使用的語言。

這就是全球華人的獨特氣場，吸納了更多優秀的頭腦加入中文的大家庭，對外破除了國界之限，對內超越了方言的隔閡。由於美國耽於單邊主義的畫地自限，中國的多邊主義帶來中文更多的機緣，得道多助，成為全球命運共同體的載體。中國是全球一百四十多

個國家的最大貿易國，因而中文也是全球化經濟拒絕
「斷鏈」的先鋒。這是歷史不可逆轉的趨勢，也是中
文書寫的歷史責任。

目錄

大灣區願景

台海變幻

權力美學

全球華人傳奇

全球華人與中美「脱險」未來

　　也許是歷史的巧合，全球華人的力量正在暗中推動中美「脱險」（De-risk），讓陷入僵局的中美關係找到突破口，可以回到理性的思考，不再往「零和遊戲」的方向進行。中美的緊張關係一度逼近戰爭的邊緣，讓華盛頓的決策者和眾多美國的智庫赫然警覺，需要找到更多的「護欄」（Guardrails），避免外交的路徑偏離，走上互相毀滅的道路。

　　美國智庫近年被鷹派把持，錯誤的前提就是將中國視為威脅，是美國獨霸地位和全球格局的頭號敵人，但美國年輕一代的專家卻有完全不同的看法，發現中國並沒有統治世界的企圖，也沒有要取美國而代之，而僅僅是要爭取強大和改善人民的生活。

　　最知名的策士是康奈爾大學教授白潔曦（Jessica Chen Weiss），她是華裔血統，西雅圖長大，她近年連續發表文章，指出美國不應該視中國為敵人，彼此你死我活，而是要有一種競爭關係，但又能在不同的領域合作，產生互惠的效應。她認為中國並沒有要取

代美國成為全球領袖，只是保衛自己的利益。她的觀點在「中國通」的圈子開始時被視為少數派，但隨着形勢的變化，拜登政府越來越發現白潔曦的策論具有建設性，不是一味的對華強硬就可以解決問題。

白潔曦不僅是美國國務院顧問，由於她的華裔身份，在當前中美交惡之際，她真實感受到美國日漸猖獗的「仇視亞裔」的浪潮。她說起住在西雅圖的母親的經歷：母親是退休的癌症專家，因為恐怕在街頭遭受莫名的攻擊，而不敢上街。白潔曦指出，這是美國的恥辱，也是必須從速糾正的逆流。

美國國務院對華工作官員也出現大地震，要將一些鷹派官員拉下馬。如國務院中國組主管華自強（Rick Waters）就宣布離職，他的上司舍曼（Wendy Sherman）也退休，代表國務院對華強硬派核心力量的瓦解。

美國從特朗普時期到現在的拜登政府，都曾經高喊中國威脅論調，但也遇到全球華人社會的抗衡。美國蒙大那州政府要禁絕來自中國的短視頻平台 TikTok，卻被張一鳴所領導的抖音集團國際版反訴，指出州政府的行動違反美國憲法第一修正案，這都顯示中國的

企業界不再是逆來順受，而是要善用所在地的法律，保護自己的權益。

同樣地，年前被美國聯邦調查局（FBI）逮捕的美國天普大學物理系主任郗小星教授被誣告是「中國間諜」，但經過漫長的調查，發現沒有任何證據只好釋放。但這位飽受欺凌的教授並沒有就此罷休，而是用法律手段，民事起訴聯邦調查局，要求賠償。這也為美國近年不少被「政治迫害的」華裔學者出了一口氣，也成為一個重要的法律先例。如麻省理工學院（MIT）知名科學家陳剛，年前被 FBI 逮捕，最後沒有任何證據，才予以釋放，陳剛的冤情是否有法律上的賠償，都廣受各方的關注。

這都顯示美國華人不再是沉默的羔羊，被當權者踐踏，而是敢於發聲，在不同領域保護自己的權益。

一百歲的基辛格就了解中國在世界史的意義，不再是沉默的羔羊，大國崛起是不可逆轉的趨勢。他在中美關係陷入歷史最危險之際，提出警告，指出中國並沒有要取代美國的意圖，而雙方的誤判將是世紀災禍。他在半個世紀前推動中美關係突破的經驗還是不能忘記的，因為這是個「典範」的確立，也確保中美過去

五六十年的利益，如今驀然回首，更需要總結經驗，發現兩國交往亟需更多幕後的真實溝通，而不只是「麥克風外交」。

美國外交最高策士蘇利文（Jake Sullivan）就記取基辛格的故智，他在奧地利首都維也納和中國政治局委員、中央外事辦主任王毅闢室密談，前後兩天，共超過十個小時。他們事後發表聲明都強調是「坦誠、深入、實質性、建設性」，反映密談成果，避免彼此誤判，也為二零二三年內習近平和拜登高峰會談奠定基礎。

蘇利文以前就有幕後外交的經驗，當年他參與美國與伊朗禁核談判，了解外交其實不僅是延伸自己國家的意志，也是妥協過程，需要彼此有同理心，換位思考，找到雙贏的可能性。

蘇利文最新的外交思維被視為「以華為師」或「師華之長以制華」，他痛陳美國工業空心化之害，認為沒有工業基礎供應鏈就受制於人，他主張政府必須介入，要有工業政策，不能任由資本力量和市場化來主導美國經濟。他不滿美國中產階級在通貨膨脹下利益受損，直言美國外交的目的就是要維護中產階級的利

益，不能獨厚於財團。蘇利文的構思，就是與中國的「共同富裕」若合符節。

　　中國的外交理念和全球華人的力量微妙地衝擊美國的外交決策，求同存異，化解誤判，重新思考奧巴馬時代響徹入雲的全球「中美共治」（Chimerica）的理想。

民間角度看中美「脫險」記

奇異地，「脫險」（De-risk）成為一個時髦的新詞。這是歐盟秘書長馮德萊恩（Ursula von der Leyen）二零二三年五月中旬在演說中談及歐盟與中國的關係，表示從歐盟的利益出發，與中國脫鈎「是非常不智、不可行」的，反而與中國的關係需要「脫險」。這詞兒被美國國務卿布林肯（Antony Blinken）引用，廣為傳播，隨風潛入夜，成為中美地緣政治博弈的突破口。

美國總統拜登也藉此機會，釋放中美解凍的信息，表示中美關係「短期內」會好起來，而較早時北京也釋放善意，出乎意料之外，增持了美債兩百多億美元，對當前美國財政危機可說是雪中送炭。

中美的對壘還是暗流湧動，但雙方的決策者都了解，不能進入戰爭的邊緣，要切實避免擦槍走火，防止戰爭機器被誤觸啟動。至於台海的爭議，二零二三年四月二十八日兩岸在上海舉行汪道涵辜振甫會談三十週年紀念，中方釋放不會急於武統信息，讓台海的風浪可以平息。

從民間角度來看，中美「脫險」的發展是最符合兩國人民的利益，因為無論愛恨，雙方的老百姓都在市場開放與共融的關係中，獲得巨大的愉悅感。

君不見當前美國三億多人口中，約一半人口每天頻密使用中國的抖音國際版 TikTok，儘管白宮說要禁止，但卻無法執行，因為拜登政府深知一旦強勢禁絕 TikTok，就會使新一代選民厭惡民主黨，在選舉中投棄權票，會讓民主黨政府在大選中落敗，而共和黨的政客也不想在大選之前提此事，以免得罪年輕選民。

中國方面，民間有不少對美國很有「好感」的民眾。君不見疫情之後的美國大使館排起了人龍，紛紛申請去美國的簽證，而前往美國留學的學生依然是絡繹不絕，絲毫不受兩國關係惡化的影響。

儘管美國對華施加關稅，但美資的麥當勞和星巴克都在中國增設更多的店舖，看好中國市場越來越強勁的需求。當然，美國汽車業的先鋒特拉斯也在上海設立超級工廠，迄今已經生產了逾一百萬輛電動車，更不要說美國的傳統車企，從福特到通用都在中國市場中發現自己的第二個春天，來彌補本土市場的寒冬痛苦。

即便面對貿易壁壘，但美國人民都迷上中國拼多多的國際版 Temu，發現原來很多物品的性價比是如此的高，出乎很多人的意料之外，而中國的快速時尚服裝品牌希音（Shein），也用它的價廉物美的商品，擄獲了很多美國消費者的心。這都是中國背後的數字化管理的細緻力量，而不是靠血汗工廠的粗暴廉價。

在全球供應鏈上，中美互補作用非常明顯。特朗普發動貿易戰之前，中美的商界都是「全球化」理論的最佳詮釋者，證明「世界是平的」有利於兩國人民。但特朗普基於民粹的考慮，啟動政治凌駕經濟的權力旅程，打開了兩國猜疑的大門，而拜登上台後更變本加厲，將制裁中國變成常態，最後面對美國的夢魘開始。

夢魘就是高速度的通貨膨脹，萬馬奔騰，讓民眾受害，背後當然也是烏戰的衝擊，但中美的貿易戰與種種的制裁與反制裁都是反市場、反經濟，扭曲了基本的財經規律，完全是政治上的操弄，用來滿足選舉政治的需要，尋找一個假想敵，加以不斷的醜化。這都帶來人民的痛苦，也成為美國歷史上的一次重大的誤判。

不過「脫鈎」之說最後用力過猛，成為美國發展的絆腳石，不僅普通民眾受害，而各大公司企業都感受到混亂和負面衝擊。他們不能忍受政客對市場的干預，也受夠了意識形態主導的經濟局面，失去了原有的動力，也失去了企業對美國政治的信心。

因而美國的財團提出新的論述，要確保美國的產業鏈不再被粗暴的破壞，不容一切以國家安全之名，將國際貿易的通則顛覆。美國內部的政治價值也在起作用，如蒙大拿州要全面禁止 TikTok，面對該公司起訴州政府，指出禁絕媒體平台的措施是違反美國憲法第一修正案，不容地方的政客違背了美國的核心價值觀。

中美「脫險」記的背後，其實是兩國民間的期盼，要將一切的政治，回歸到民眾的福祉，不能製造虛假意識，用國家安全來包裝，愚弄人民。美國在地緣政治上的利益亟需中國的協助，如烏克蘭的停戰與歐洲的永久和平，都需要靠中國的參與，成為權力平衡的一個重要的砝碼。

美國的元老外交家基辛格早就說過，中美俄之間的關係是一個不等邊的三角形，兩邊之和永遠大於第

三邊，如今美國一直害怕中國成為最大的那一邊，但卻忘記中國這一邊無論多長，一旦完全靠往俄羅斯，就會壓住美國。

中國始終重視與美國的關係，懸空已久的駐美大使一職，已由謝鋒出任。中美的元首會晤，預料也會在短期內實現。中美「脫險」記，也是全球命運共同體「脫險」的新一頁。

民間中華春雷驚醒兩岸政治迷夢

　　也許像莫名的春風，全球華人赫然發現中國民間對傳統中華文化的普及化煥發強大的動力。這和台灣的發展剛好相反，本來在二千年之前，寶島還是全球中華經典的堡壘，是唐詩宋詞的燈塔，但如今台灣在這方面已經式微，反過來是神州大地的民間響起了文化的春雷，驚醒了兩岸政治的迷夢。

　　政治的迷夢是因為綠營的泛政治化，導致台灣的新一代對中華文化的疏離感，但中國大陸民間的文化熱奇異地影響了台灣，刺激了一些本來與中華文化絕緣的台灣年輕人。由於小紅書和抖音的魅力，現在越來越多的台灣新一代，不僅看中國美妝的熱門話題，還意外的和文化中華邂逅，彌補了他們在寶島的文化遺憾。

　　中國大陸民間的高手輩出，在闡述中華文化智慧的賽道上出現不少精采的短視頻，如原名吳敏婕的「意公子」，近年評介古典中國文化精華都令人驚艷，吸引了全球華人的流量，其他的民間高手也不斷湧現，

如河北大學的何楚涵教授，以現代語言解讀古代的智慧，讓今天與昨天連接，讓全球華人分享很多經典在歲月沖刷後的最新反思。

台灣過去的中華文化優勢，也在中國大陸找到了新的出口。台灣知名的作家蔣勳意外地在中國的社交媒體上爆紅，從抖音、小紅書、騰訊的影音號都可以看見他闡述中華傳統智慧的身影，他談蘇東坡、李白、范仲淹等名家的傳奇，別有深意，都顯示他的學養，以及他深入淺出的功力，讓廣大的讀者癡迷。

這也是兩岸彌合政治裂縫的最佳橋樑。當台海局勢劍拔弩張之際，民間的力量是化解矛盾的意外黏合劑，讓今天淺薄的權力猜忌與嫌隙，被昨天深厚的文化底蘊所消除，也為明天的中華民族未來，帶來了新的靈感與啟示。

其實今天中國大陸的傳統文化復興也是五十年代至九十年代台灣精英所奠下的重要基礎，如當年的葉嘉瑩教授，是台灣大學中文系的泰斗，雖歷經白色恐怖年代的煎熬，但對詩詞與傳統文化的豐厚素養，讓她超越現實政治的險惡，也讓她名震海內外，曾任哈佛大學的訪問學者，也獲得加拿大不列顛哥倫比亞大

學的終身教授職。她後來回到天津南開大學中文系執教，成立中華古典文化研究所並擔任所長，推廣中華文化。二零一九年，她對中國大陸社會推動詩詞的努力加以表揚，賦詩一首：「中華詩教播瀛寰，李杜高峰許再攀，已見舊邦新氣象，要揮彩筆寫江山」！

另外一位來自台灣的中華文化旗手是林文月，她是《台灣通史》作者連橫的外孫女，也就是連戰的表姐。她研究六朝文學，也長於中日比較文學的研究，在中國大陸有不少的粉絲。

中國大陸在文革之後的文化廢墟再造文化的大廈，還要追溯到八十年代重續古典的情緣，出版界將不少曾經被禁的書籍推出，錢穆的作品就是典型的例子，如《國史大綱》強調對本國文化需要有一種溫情與敬意，對神州大地的讀者很有啟發，而民國時代的大儒，如熊十力、歐陽竟無、唐君毅、南懷瑾等都受到追捧，而海外文史學者對中國文化的研究，也都成為新一代中國讀者的文化營養。

最關鍵的是中國官方的歷史論述，也逐漸從僵硬的馬列教條解放出來，不再用機械的唯物史觀來看中國的歷史，可以用比較多元化的視野來看中華民族五千

年的發展。

但最重要的是，中國的知識界越來越有共識，要堅持中國人的主體性，不要被西洋或東洋的「漢學界」牽着鼻子走，不會被那些「東方主義」的幽魂迷惑，而是要擁有自己的主心骨，從本土出發，在歷史的縱深處，發現五千多年來發展的軌跡。

這都是民間中華的力量，左拒馬列的教條鐐銬，右擋英美中心的思想囚籠，更對日本漢學家要將中國分成七塊的論述嚴加駁斥。這都是中國知識界的新任務，也是一種歷史的責任，要有強大的自主意識，不受各種西洋與東洋理論的左右，而是要有反思能力與自我提升能力，讓社會的治理符合人民的需求，建立自我糾錯的功能，實事求是，古為今用，洋為中用，為符合中國發展的模式，更上層樓，瞄準一個更有持續性發展能力的理想社會。

二零二三年的春夏之交，可以聽到民間中華的春雷，響起了歷史的回聲，要在傳統中國的經典中，發現更多現代的啟示，在李白、蘇東坡、孔子、孟子、莊子、墨子、孫子、朱子、王陽明等多元化的古典智慧中，提煉最新的靈感，為現代化中國作出重要的鋪墊。

這是擋不住的春風，也是吻向全球華人臉上的一股迷人的力量。

民間中華的逆境智慧與實踐

　　最壞的過去了，但最好的還沒到來。這是疫情解封後的中國形勢，各方都在期盼「報復性的消費」，但卻要先面對「報復性的感染」，再面對「報復性的搶藥」浪潮。

　　但在逆境之際，全國的民間跨年活動都展現向命運逆襲的勇氣與智慧。財經專家吳曉波在杭州舉辦的年終晚會，以及名嘴羅振宇在深圳舉辦的全國跨年直播，都吸引了千萬人次的觀看，也都呼喚正能量的熱力，融化了三年來被冰封的心靈。

　　他們都不約而同地舉出很多的例子，恰恰是在中國困窘的時刻，刺激民間去開拓全新的生存狀態。很多企業與個體發現自己沒有悲觀的權利，而只有創新的義務，在絕境的邊緣，山窮水盡疑無路，柳暗花明又一村，都會找到變革的動力。

　　在疫情與封控的時刻，反而造就了中國底層社會數字化轉型的肥沃的土壤，哪裏數字化的程度高，就往哪裏遷徙，鄉村的直播，網絡外賣的普及，都成為

新常態。很多的企業在疫情下被倒逼變革，打掉重練。因為數字化正在改變中國商業的底層土壤，開出了以前不敢想像的花朵與果實。

疫情下也讓很多人重新發現，詩和遠方其實就在附近。牛津大學的著名中國人類學家項飆就曾經說，現代社會有一個趨勢，就是附近的消失。但如今在疫情下，卻使得很多企業重新發現，如何經營好附近，讓那個社區感重新復活。如北京的「南城香」快餐店，在疫情下業務翻了一倍，在北京開了一百四十多家店，重要是針對每一個小區的一天五頓飯，早餐、午餐、下午茶、晚餐、宵夜等，全時段經營，效率高，也吸引社區居民，成為了社區的廚房。老闆汪國玉說他的經營心法很簡單，就是附近群眾需要什麼，我們就服務什麼。

因而星辰大海就在附近。北京南城香快餐連鎖店堅持不上市，不搞資本運作，而是踏踏實實地以顧客的需要，訂下了很多自我約束的規矩：原材料看得見，下單十分鐘沒上菜就免單，水果小菜免費自助，米飯免費添加，不合格產品免費退換。南城香被譽為餐飲界的優衣庫，以高度的性價比贏得消費者的心。

對事情的精雕細琢，也是逆境中最佳報復。這也是民間中華的一種「微雕」的自我期許，對事情的方方面面都要有很高的要求，不斷追尋最佳的狀態。近年中國有些人意興闌珊地說到「內捲」，說很多的努力都是徒勞，但「在內捲的盡頭，要試試微雕」。

　　疫情的試煉，也是微雕的試煉。這也是中華民族的一場變革的契機，加速數字化的轉型，也加速了「微雕」的要求。中國跨年盛會的反思與啟發，都總結民間中華的自我提升，衝出經濟的陰霾，歷劫歸來，看到新一年全新的能量。

民間中華救援的悲情與豪情

　　在東南亞詐騙案被禁錮的全球華人大都充滿無力感，他們有些人最後逃出生天，往往靠民間中華的爆發力，前仆後繼，衝破官僚與黑社會的無情網羅，才可以揮別黑夜裏無助的恐怖。

　　民間中華就是超越政治的局限性，從血濃於水的感情出發，自費投入營救行動。台灣的「好棒 Bump」、張安樂，大馬的王曉庭、黃家業等人都是激於義憤，仗義跨刀。他們不問回報，只求救出那些陷入黑牢的同胞門，也贏得了民間的鮮花與掌聲。

　　這次東南亞詐騙案在台灣，有數以幾千名受害人，但公權力都對此鞭長莫及，甚至不斷「甩鍋」，將這事件操作為「仇中」的主旋律，務求收割政治利益，希望成為二零二二年年底的選舉果實。但民間中華的力量不齒這種「泛政治化」，而是關切具體的成果，最後是否救出了同胞。

　　從網紅「好棒 Bump」的經驗來看，台灣詐騙事件最後被炒作成為「反中」，在於綠營政府要轉移目標，

創造一種話術，就是台灣的一切不幸都是來自中國大陸，殊不知詐騙集團話術的根源，來自台灣。

根據民進黨前立委郭正亮的研究，台灣詐騙產業鏈人口多達二十萬人，分布全球，遠至東南亞與非洲。早在幾年前，他們就有六千人被遣返回台灣，但最後被判刑只有五百多人，從輕發落。很多詐騙中人都覺得這是成本很低的犯罪，但收獲的金額卻驚人。

台灣詐騙術已經發展了很多「劇本」，像一個話劇團，彼此呼應，引君入彀。話術的基本，就是開發你的恐懼心，認為自己蒙上不白之冤，要極力洗脫，最後就一步一步落入陷阱。台灣的名人不少都是受害者，折射騙術的高明，連很多專業精英與高級知識分子都被騙。

但這次在柬埔寨西港的詐騙事件，金主都是大陸背景，他們本來是要來投資賭城，但後來柬埔寨要禁賭，他們就轉向搞詐騙業。東南亞華人，尤其是大馬華人，都是被誘騙、拐賣的對象，因為大馬華人大多會好幾種語言，不僅中英文流利，也會說閩南話、廣東話、客家話、潮州話等，可以發展成為最好的詐騙「演員」。

這次民間中華的大救援，也透着悲情。大馬的救

援先鋒黃家業就表示，有些被救的「豬仔」其實是自願前往賺快錢，甚至有些被救回來的人被發現是詐騙集團的線人。因而救援行動吃力不討好。黃家業曾經說金盤洗手，不再參與救援，但後來還是重出江湖。

詐騙產業鏈本來就是「華人騙華人」的悲劇，但民間中華的精神力量源於血緣與正義的追求，衝破了悲情的迷霧，展現仗義豪情的氣魄。

全球化人才淬煉創新力量

　　全球化的人才就是用人唯才，打破政治上的疆界。美國特斯拉電動車的全球業務由華人朱曉彤來掌管，令美國企業界與政界震動，也反映了在中美競逐之際，爭取人才是關鍵，誰能夠找到更多的人才，超越國族之爭，誰就可以搶佔競爭力的制高點。

　　特斯拉的老闆、世界首富馬斯克的管理之道就是敢於用人，不會考慮膚色、種族、宗教等因素。因為他本身的經歷，就是打破人才「天花板」的傳奇。

　　馬斯克是美國的留學生移民，他在南非出生長大，單親家庭，十八歲時到加拿大唸皇后大學，後來轉學到美國的賓州大學，修讀經濟與物理，再轉到加州的史丹福大學，但他沒有唸了幾天，就輟學出來創業，終於成為一代的創新天王。

　　這位創新天王所賞識的朱曉彤也是創新怪傑。他是遼寧瀋陽人，在中國長大，新西蘭的大學本科畢業，美國杜克大學的碩士。他在推動上海特斯拉的生產效率上展現了過人才能，每年產量高逾五十萬輛，讓上

海工廠的生產力勝過美國與德國特斯拉工廠之和，如今被馬斯克提拔為全球的特斯拉的領導，希望借他在上海的經驗，全面提升在美國與德國的特斯拉工廠的生產力。

在當前中美關係跌到低谷之際，美國企業重用中國背景的精英掌管全球業務，是「政治不正確」，但馬斯克頂住政治壓力，一切以市場化與全球化為依歸。

美國的未來，在於如何吸納全球精英。加州矽谷的高新科技公司是先行者。在谷歌、微軟、亞馬遜、臉書等大型的科技企業中，CEO 及高層決策者中不少是來自印度的留學生，他們很多說濃重的印度腔英文，但卻無礙他們發揮專業精神，推動美國高新科技領先全球。

中國的傳統智慧向來重視海納百川，不拘一格降人才。在全球化浪潮下，中國的民間企業也是人才的搖籃，出現很多沒有什麼學歷、但卻極有創新能力的豪傑，如騰訊的馬化騰、阿里巴巴的馬雲、海底撈的張勇、順豐物流的王衛等，都成為中國創業成功的傳奇，開創了他們在不同領域的帝國，也走向了國際，成為中國在海外的名片。

即便在疫情的逆境中，中國的民間企業也紛紛「出海」，快速時尚的希音（Shein）在美國極受歡迎，名列 YouTube 上聲量最高的電商，因為它的性價比高，壓倒美國的同行。中國拼多多推出國際版的 Temu，在美國初試牛刀，也掀起熱潮，讓美國的消費者驚艷，發現中國貨品的魅力無法抵擋。

　　中美民間不斷在商業模式作出新的嘗試，在價值鏈的每一個環節上變革，贏得國際消費者的心，也讓中美民企逆襲成功，背後就是人才的力量，作出「破壞性的創新」。這是中美兩國的希望，也是全球化火炬不滅的見證。

經濟候鳥飛向全球化新天空

快速移動的人群，決定了不移動的人的命運。這是全球化年代的金句，說出全球化的真諦，重視人才、資金與技術的自由流動，衝破了政治、經濟與心理的疆界。

但在疫情時代，快速移動的人群都突然被「急凍」起來，差不多三年，香港的機場都是空蕩蕩的。全球化的人潮熙攘成為了遙遠的記憶。儘管香港已經放寬為「零加三」，機場又再熱鬧起來，但中國大陸防疫還是要「七加三」，有些城市還要每天核酸檢測。

香港高度全球化的金融業都受不了，業界的精英都在咒罵，從香港到上海到北京，很多金融業人才都用腳來投票，他們奔向了新加坡，要在這個亞洲新興的金融中心揭開自己生命的新一頁。

他們成為疫情難民，走在牛車水和烏節路，他們感到無比的舒暢，不用被核酸檢測所困擾，不用到處都要戴口罩，他們開始熟悉獅城的一切，要習慣新加坡腔調的英文（Singlish），享受海南雞飯和肉骨茶等

美食，吃異香撲鼻的榴槤，在萊佛士酒店喝下午茶，感受蕉風椰雨的濕潤氣候。

但他們也要面對快速變化的經濟氣候。疫情難民也是經濟的候鳥。如果香港全面恢復正常，如果中國大陸也全面解封，大灣區與中國大陸的經濟又在飆升，那麼更多的機遇又再向這些專業人才招手，又再吸納全球更多的熱錢進來，恢復二零一九年以前的榮景，這些金融精英又會回到香港的中環和上海的外灘？

這也是全球化的呼喚，哪裏有機遇，哪裏就有人才、資金與技術的熱潮，融化種種的障礙。在金融世界，香港正在提升加密貨幣與元宇宙領域的發展，要在金融科技的世界加強自己的競爭力，爭取在最尖端的領域與新加坡爭一日之長短。

即便在美國對華加強制裁之際，中國也出現了全球化的升級版，要內循環與外循環結合，也要加強與美國以外國家的合作，推動「一帶一路」的發展，用多邊主義與美國的單邊主義抗衡。這吸引歐洲企業加強在華的投資，德國總理朔爾茨（Olaf Scholz）率領龐大的企業家代表團訪問北京，德國的高新科技公司 Elmos 也要出售給中國，漢堡港也容許中國的中遠公司入股，

儘管六個部委都對此反對，但德國總理還是力排眾議，爭取中國參與德國的港口建設。

這都是重要的訊號。經濟候鳥嗅到中國在疫情下的經濟布局，如何加強在基建的投入，創造更多的機遇。敏銳的企業家要深耕中國快速改變的市場，為中國在疫後強烈反彈的市場作出準備。

無論在新加坡還是在香港地區，經濟候鳥都面對一個全新的全球化格局。疫情是短暫的，但商情是恆久的，在核酸檢測與抗疫嚴苛的困擾下，要看到希望的曙光正在地平線上升起，照亮一度黯淡的全球化天空。

中國創新力在全球的投射

　　中國創新力在全球範圍的投射改變了權力的風景，也扭轉了中國不少的負面形象。最新的經濟數據顯示，中國對全球經濟的貢獻上升到歷史的高峰。從民企到國介，中國的創新指數都在快速上升，中國的專利註冊已經壓倒美國，顯示中國的科研力量的騰飛，都讓人刮目相看。

　　中國的基建狂魔的魔力還在全球延伸，包括即將完成的印尼雅加達至萬隆的高鐵，以及已經完成的克羅地亞的大橋、連接匈牙利與塞爾維亞的鐵路等，都是典型的例子。

　　過去三年，中國在疫情與地緣政治的夾擊下，刺激很多意想不到的創新，也就是在最困難的環境下，反而造就了一些過去難以想像的突破。最明顯的是抖音和它的國際版 TikTok，不僅在北美發展強勁，流量幾乎佔了美國人口的一半，讓美國政界驚呼，千方百計要禁絕，但年輕一代對於 TikTok 不離不棄，聲稱如果拜登政府當局要禁掉 TikTok，美國年輕世代就會在

政治上反擊，不再投票給民主黨，也當然對鼓吹禁令的共和黨不予支持，讓兩黨的高層迄今都是投鼠忌器，不敢在大選前有進一步的動作，而新加坡籍的 CEO 周受資在美國眾院的聽證會上，雖面對五個小時的盤問，但仍然不慍不火，氣度優雅地回答，贏得很多來自全球的掌聲。

TikTok 在東南亞的力量也異軍突起，不容小覷，在馬來西亞的選舉政治中，TikTok 都成為政治人物的秘密武器，讓不會使用 TikTok 的對手望風披靡。在印尼，TikTok 成為很多中小企業創業的利器，善用大數據，贏得前所未有的商機，改變了商場的遊戲規則。

經濟上，中國的新型電商出海，也迅速佔據了美國消費市場的不少份額，如來自南京的希音（Shein），在快速時尚的領域脫穎而出，性價比奇高，而拼多多的國際版 Temu，也如市場的春雷，讓北美市場驚艷，都立刻被視為價格的破壞者，在通貨膨脹的西方世界，獲得越來越多消費者的青睞。它們的成功，背後都擁有數字化管理的秘訣。

在國際政治上，最引人矚目的是中國成為一個「和平的締造者」，從伊朗與沙特的冰釋前嫌，到介

入調停烏戰，習近平打電話給澤連斯基（Volodymyr Zelensky），都顯示中國打破外交上單邊主義的格局，尋求一種源於中國傳統「君子和而不同」的理念，讓一個多元化的社會成為全球的主流，而不是在強求其同。

這樣的政治理念其實也是很多國家的訴求，以擺脫美國的霸權，不再受制於美元、美軍、美債的「三美主義」，而是可以在適合自己國情下，發展自己的道路。一個多元化的世界體系，避免單邊主義的一國獨大，形成權力的制衡，締造免於霸權的國際秩序。

新加坡的李顯龍表示，亞洲國家都不希望在中美的兩大勢力之間作選擇，非此即彼，讓世界更趨危險；很多國際關係專家都不諱言，中美的對立最後甚至可能會爆發第三次世界大戰，令人驚悚。應對之道，就是要有更多的溝通，也要建立更多的「護欄」（Guardrail），不要陷入很多民粹政客的語言陷阱，動輒要訴諸戰爭，企圖依靠對外的軍事冒險來化解內部的矛盾，讓危機節節升高，最後不知伊於胡底，終至失控，成為不折不扣的政治悲劇。

毫無疑問，中國創新力惹來很多的妒忌與挑戰。

美國聯合日本、韓國、加拿大等國，都在加強對中國的圍堵，要斬斷中國在全球化經濟的產業鏈。加拿大繼孟晚舟事件之後，又在充當美國的打手，借故驅逐中國的外交官，但也引來中國的報復，驅逐加拿大的駐上海領事。預料在日本廣島舉行七國高峰會，也會升高各種壓制中國的措施。美國的外交謀士奧布萊恩（Robert O'Brien）與眾議員莫頓（Seth Moulton）等連續提出，一旦解放軍攻台，就要炸掉台積電，讓台灣的民眾錯愕，不知今夕何夕，有美國這樣的朋友，還需要敵人嗎？

但在歷史的長河中，創新力才是發展的硬道理，可以超越權力傾軋的纏繞，站在更高的維度，一覽眾山小。美國外交智囊提出中美的博弈，從過去的「脫鈎論」到今天的「脫險論」（De-risking），要擺脫誤判的風險。一百歲的美國外交元老基辛格更是高度評價中國在烏戰調停的努力，認為這是一個重要的突破，化解當前的僵局。

美國的駐華大使伯恩斯（Nicholas Burns）也呼籲，要中美領袖面對面會談，來降低中美的緊張局面，不要被很多政客的喧囂所誤導。這都是美國的理性的聲

音，不要被軍火商和民粹政客牽着鼻子走，而是要回歸和平，也要讓中國的創新力，與美國的創新力互動，建立一個全球互惠的人類命運共同體，才是人間正道的願景。

全球地緣政治突變的背後

　　全球地緣政治正在出現突變，中國與第三世界國家、中東、東盟的關係正進入歷史最密切的階段，不僅在貿易上飆升很快，也進入中國「一帶一路」的發展半徑中，連接中國基礎建設的強大勢頭，在金融領域有更多的合作，加強本幣合作，推動去美元化。這不是因為意識形態的考慮，而是因為現實國家利益的算計，要打破美國單邊主義的宰制，還國家自主獨立的靈魂，也確保國家戰略自主的精神，不要被華盛頓牽着鼻子走。

　　從法國總統馬克龍到巴西總統盧拉在訪華之行中，與中國加強政治與經濟的關係，展現了最新的外交風向，就是要依仗中國上升的力量，救本國發展之弊。它們都不約而同地重視中國發展模式，扭轉當前美國要一國獨大但又無法掌控天下的局面。

　　中美在全球的論述近年都在比拼，如今在日本舉行的七國高峰會外長會議還是有圍堵中國的意味，在台海問題上批評中國。中美的政治核心價值觀在國際

上越來越像兩個平行的世界，各說各話，互不交集，但在經濟上卻緊密相連。

儘管美國在某些領域制裁中國，中國在稀土等領域還要還以顏色，但雙方的經濟鏈條仍是犬牙交錯，難以分割。這和冷戰時期東西兩大陣營的情況迥然不同。

美國拜登政府外交強調「自由國際秩序」（Liberal International Order），攻擊中國是獨裁政府（Autocracy），強調民主自由作為意識形態劃界，但這是傲慢與偏見，是錯誤的認知，因為今天中美的分別是對民主的不同演繹，都是要面對民間的強大需求，但美國的問題就是在「選舉政治」（Electoral Democracy）的過度操弄，政治人物其實成為社交媒體演算法的囚徒，也被競選經費毫無上限的金權政治戴上了鐐銬，導致一切很短視，政策都是為了下次選舉。

迄今美國無法解決日益嚴峻的槍擊案，大規模的槍殺事件已經成為美國的常態，無家可歸者人數飆升，大型基建無法落實。中國的高鐵如今建到九百多個城市與鄉鎮，而美國的高鐵則至今仍然是零。

不過美國撕裂的兩黨唯一的共識就是妖魔化中國，

將中國說得非常不堪，主流媒體對中國的報道和冷戰時期報道蘇聯一樣，都針對種種黑暗面。

但在現實世界，中美的經濟關係卻空前緊密，這和冷戰時期不同，在今天全球化的格局中，美國的產業鏈空前依賴中國，即便特朗普對中國施加百分之二十五的關稅，但卻無阻中美貿易持續上升，美國對華貿易仍然出現逆差，但最重要的是，美國迄今還是找不到可以取代中國的產業鏈，無法在日常生活上「去中國化」。

這都因為中國國家競爭力的強勁、民間的創意與企業家的精神，都在國際化市場中脫穎而出，形成新氣場，讓美國人須臾不可離。背後是民間中國與市場中國的最新力量，在全球化的世界展現強大的競爭力，贏得口碑，也擴大中國經濟的國際地位，不再是靠美國專欄作家、《世界是平的》（*The World is Flat*）作者弗里曼（Thomas Friedman）所說的「淺商品」（Shallow Products），而是將很多看似簡單、淺薄的商品，變得「深入淺出」，才可以逐鹿全球市場的中原。

中國的快速時尚品牌希音（Shein）在美國發展迅猛，名列亞馬遜排行榜的前列，背後不僅是簡單的壓

低價格，而是透過互聯網的力量，將福建、廣東散兵游勇式的小工廠加以數字化管理，可以在很短的時間內，將很多新品、前衛的設計推向市場，不斷嘗試錯誤，才可以在國際競爭激烈的快速時尚服裝業中勝出。

中國的運動照相機影石 Insta360 和大疆 DJI 在這領域不斷推陳出新，威脅傳統照相機行業龍頭 Nikon、Canon 和萊卡（Leica）的壟斷地位，因為數字化創新，以及針對高檔照相機價格昂貴、操作複雜的痛點，推出性價比特高、但性能更強大的產品，讓消費者驚艷。

中美的博弈還須回歸國家的競爭力，以及經濟發展的速度。中國二零二三年第一季經濟增長率是百分之四點五，比預期的百分之四高，IMF 預料二零二三年中國全年增長率高達百分之五點二，而美國則只有百分之一點四。這都顯示中國的強勁勢頭。

在中美博弈的漫長賽道中，只要雙方不爆發戰爭，時間就對北京有利。但台海局勢的危險，都是不可預測的變數。美國的鷹派都在鼓吹美國要先動手，要將寶島烏克蘭化，但中國就是要保持戰略定力，不受挑激。

中美的博弈還是一場持久戰，要在國家的競爭力

與經濟的實力上比拼。中國的變革勢頭肯定帶來前所未見的優勢，而美國的傲慢與工業空洞化則是國家發展的死穴，中國依靠民間中國與市場中國的力量，煥發創意，超越前進，會讓美國逐漸在國際地緣政治中失去了二戰以來的優勢。

中美「冷和」

中美「冷和」與維也納密談

　　這是令人驚奇的外交密談。中美的外交最高謀士：王毅與蘇利文（Jake Sullivan），二零二三年五月在歐洲維也納舉行密談，兩人談了兩天、共十個多小時，沒有事前寫好的劇本，而是針對中美關係惡化的殘酷現實，提出如何降低緊張關係的方法，充分掌握對方的意圖，避免誤判，預料會為拜登和習近平未來的元首會議奠下基礎。

　　這也是中美進入「冷和」（Cold Peace）歷史階段的開始。中美雙方都不想在當下掀起戰爭，不願意有任何擦槍走火的機會，而是要尋找一個彼此可以接受、儘管不見得滿意的妥協空間。中美雙方都有邁向「冷和」的動機，要避免冷戰的龐大代價，因為這與當前彼此的國家利益不契合。冷戰時期，中美互不往來，經濟上沒有交集，如今中美的產業鏈緊密相連，即便美國要制裁，要提升關稅，但中美貿易額還是飆升，顯示「脫鈎論」難以成立，只是政客的空談。

　　但拜登政府更深層的動機就是需要中國介入調停

烏戰，避免這場戰爭成為二零二四年他競選連任的包袱。由於特朗普已經幾次公開強調，只要他當上總統，就會在二十四小時內結束戰爭，譏諷拜登讓美國深陷烏戰的泥淖，難以自拔，損害美國的國家利益。蘇利文在與王毅談判時，還特別恭賀中國在調停伊朗與沙特冰釋前嫌的成就，弦外之音就是期盼中國再接再厲，在烏戰中擔任魯仲連，消弭戰禍。

不過中國的核心利益不在歐洲，而在台海，因為美國若干預台灣事務就是違反了「一個中國」的原則，破壞了中國的底線。蘇利文還是保證，美國的一中政策沒有改變，也反對台獨。但王毅認為美國往往講一套、做一套，缺乏誠信，但面對面的溝通，知道對方的真正意圖，還是非常重要。

重要的是拜登政府當前內部的施政危機，在幾場民調上落後於特朗普。尤其是特朗普若和佛州州長德桑蒂斯（Ron DeSantis）拍檔選舉，將會碾壓拜登與賀錦麗（Kamala Harris）的組合。

在五月的美國，如潮水般湧進南部的拉美非法移民，成為兩黨的鬥爭話題。德州州長更直接將這些非法移民用大巴士送到副總統賀錦麗的家附近，也擠滿

了紐約等民主黨控制的城市，讓拜登政府陷入嚴峻的內政危機，暴露拜登對移民問題沒有具體的務實政策，而只是意識形態掛帥說要以人權為重去吸納非法移民，結果造成美國的「南大門」失守。

拜登在債務違約的問題上也面對高度風險，暴露美國金融業今日的危機，連續幾家銀行爆雷，顯示金融界的內部控管不嚴格，結構出現問題，造成骨牌效應。都說金融業是資本主義經濟的最高階段，一旦金融出問題，就會影響經濟的體質。

美國的通貨膨脹飆升，民眾購物都感受強大的壓力，導致美國「無家可歸者」人數上升到歷史的最高峰，估計高達八十萬人。越來越多的中產階級和中下階層無法負擔高房價和高利率，走投無路，露宿街頭。從紐約到洛杉磯，從芝加哥到三藩市，都可以看到有錢人區的附近就有漫山遍野的帳篷族，成為「城中村」，讓人側目。

美國毒品泛濫，也上升到歷史高峰，在費城Kensington區，吸毒的群體佝僂的身影如僵屍。但從西雅圖到紐約，政府當局開始對毒品「去刑事化」，甚至對癮君子提供合法的吸毒場所，保證他們所用的

針頭乾淨，不會傳染艾滋病。這讓美國人赫然驚覺，美國國家發展是否出了毛病。民主黨主流所鼓吹的「覺醒文化」（Woke Culture）是否已變成為犯罪項目，陷美國於不義？

共和黨的六十二名眾議員在五月十二日發表聯名信，要求總統拜登接受認知測試，或退出二零二四年總統大選。共和黨的媒體強調，拜登曾經多次登機時摔倒，多次隔空握手，經常迷路並且自言自語。不過民主黨立刻反擊，指出特朗普也七十六歲，也常常瘋言瘋語。事實上，超過七成的民意都認為這兩位老人都應該退出二零二四年的大選，但美國政壇蜀中無大將，只能廖化作先鋒。

最新的「廖化」就是共和黨在紐約長島的眾議員桑托斯（George Santos），他被揭發參選所提出的簡歷都是吹牛說謊，包括他的大學學位，曾經在高盛集團工作的記錄，都完全是子虛烏有。如今他面對法院偽造文書和各種詐欺的罪名起訴，但眾議院的共和黨議長麥卡錫（Kevin McCarthy）不但力挺他，還發動全黨支持，共和黨媒體如《華爾街日報》也不斷為他辯護，被譏為「只看立場，不問是非」。

這都是美國內部政治的毒瘤，也反映美國黨爭的尖銳，爭取和中國的「冷和」，也許是拜登政府的救命草，要在二零二四年大選之前，防止與中國關係的惡化。外交是內政的延續，內政是外交的基礎。美國有這樣的內政困境，拜登亟需在外交上找到新的突破口。

中美「相互容忍的均衡」

全球多邊主義的勢力正在上升，壓倒拜登政府單邊主義的美國秩序。從沙特到歐洲、從巴西到拉丁美洲都顯示各國出現新的覺醒，不願意被美國的霸權所威迫利誘，而是要建立一個自主的生態系統，在金融、國際貿易與基礎建設上，都要非美國化，告別美國所說的「以規則為基礎的世界秩序」。

因為全球都看穿了美國的論述的偽善，「以規則為基礎的世界秩序」，只是「以美國的利益為規則」，美國根本不承認國際法規定的海洋法，也不承認聯合國的各種基本的規定，並且在本土以外設立近四百個軍事基地，在建國以來發動了兩百多場戰爭，都顯示美國的「內外有別」，是典型的雙重標準。

最新的國際局勢發展，繫於中東與阿拉伯世界的大變局。習近平訪問沙特參加兩場高峰會，不僅是沙特阿拉伯與中國的關係突破，展示全球多邊主義勢力的飈升，建立了一個新的權力核心，還在金融、基建、創新能源方面緊密合作，不需要受到美國的控制。

中東國家願意與中國合作，因為中國不會干預阿拉伯國家的內政，不會捲入地區糾紛，而美國則是阿拉伯世界死敵以色列的親密盟友，始終讓阿拉伯國家耿耿於懷。但更重要的是，中國提供了很多讓中東國家轉型的機緣，可以在當前過度依賴石油收益的經濟結構中，找到新的發展模式。這包括了高新科技前沿，在 5G、北斗、航天的未來都有中國的助力，更不要説中國的基建能力非常強大。這次卡塔爾世界盃的場館、地鐵、機場等基建都是中國建造，在全球觀眾中留下深刻的印象。中東地區也借助中國的創新力量，在新能源的發展上加大力度，包括太陽能和再生能源等，展示居安思危的憂患意識。

　　另一方面，歐洲的局勢也使美國的單邊主義霸權受到挑戰。法國總統馬克龍已經公開表示，他對美國強迫歐洲制裁俄羅斯後卻高價賣油氣給歐洲，予以譴責。歐洲國家也反對美國通脹法案補貼企業，破壞了國際貿易準則。違反自由市場的原則，歐洲業者也對此非常不滿，群起抗議。

　　二零二二年年底德國的政變事件，牽涉到極右勢力、現役軍官要密謀武裝政變，都對歐洲帶來極大的

震盪，發現極端勢力蠢動都對歐洲的穩定帶來損害。其實德國北溪二號油管被破壞，柏林政府明明知道是美國幕後導演，由英國與烏克蘭動手，但德國卻敢怒不敢言，非常鬱悶。再加上媒體揭露歐洲政治人物被美國竊聽，這都刺激德國內部的極端勢力，要用暴力的手段來奪取政權，確保德國的國家利益。

拉丁美洲的巴西也換政府，過去親美的保守派政府被拉下馬，左翼的勞拉政府都與美國保持距離，加強與中國「一帶一路」的倡議對接。在拉丁美洲，甚至出現新的能源自主聲音，要將當前全球電動車電池原料鋰的生產國，組成 ABC 鋰聯盟，分別是阿根廷、玻利維亞與智利。這給全球新能源產業鏈帶來重大變局。

面對全球多邊主義的興起，美國單邊主義的霸權無法再持續。美國親民主黨的智庫布魯金斯學會（Brookings Institution）發表重磅報告《美國對華政策的路線糾正》，認為美國要爭取一個更有持續性、更有效率、更能符合美國國家利益的對華政策，不能只是強調「競爭」，也要着眼「共存」，最後可以達到一個中美都可以「相互容忍的均衡」（Mutually

Tolerable Equilibrium）。這是全新的提法，代表美國資本勢力不滿拜登政府的過火行動，導致中美之間的劍拔弩張，經濟上背離了自由市場的規則，政治上陷入戰爭的邊緣，最後導致美國企業的利益受損。

美國智庫也越來越警惕美國在東南亞的勢力衰退。由於美國拒絕加入《區域全面經濟夥伴關係協定》（RCEP），以及《全面與進步跨太平洋夥伴關係協定》（CPTPP），而中國已經加入前者也準備加入後者，讓中國與周邊國家的利益日趨密切，而美國則變成圈外人，逐漸流失在亞洲的影響力。

因而在全球權力多元化與中國快速崛起之際，產生外溢效應，在歐洲、亞洲、拉美、非洲等地都對美國傳統的世界秩序帶來衝擊，而最關鍵的是美元體制在中東的石油交易中失去了霸權地位，也使得美國主流智庫充滿了焦灼，提出要與中國建立「互相容忍的平衡」，避免發生戰爭，避免核子戰爭。

美國智庫並且強調，中美的核武要避免由人工智能來控制，而是要回歸基本面，要由雙方領導層用理性的方式來處理，嚴格防止擦槍走火的可能性。和平的機制是永遠不能忘記的，核武的失控也是必須要防

止的。這是中美關係的最新「護欄」，也是全球多邊主義的最新勝利。

中美制度競賽的最終考驗

中美當前激烈的博弈，最後的終局須看中美制度的競賽，看誰能在制度創新的路徑上有所突破還是抱殘守缺，自我膨脹，而人民內部的不滿情緒升高，最後的賽果，須看自己人民的滿意度，而不是靠政治領袖說了算。

在各方非常緊張的軍事博弈方面，很多都是虛象，如在台海誰開第一槍。金門的台灣守軍開槍擊落了廈門飛來的無人機，是不是代表台灣開了第一槍？台灣的決策者是由前線軍官決定，還是蔡英文決定，還是華盛頓的決定？這都在網絡上眾聲喧嘩。但塵埃落定，還在於中美要不要打一仗，又可以避免互相毀滅的核戰。

由於核戰是紅線，雙方的決策者都要避免，但各種代理人戰爭可能就會發生。在這樣激烈的博弈中，雙方都在維持一種戰爭邊緣的張力，鬥而不破，但也鬥而不怕破。這樣的對峙狀態，也刺激雙方在制度創新上作出突破。制度的實踐，在於內部社會與經濟的

發展，最後是否可以獲得民意強大的支持。

　　毫無疑問，美國當下正處於極度分裂的狀態，民主黨的藍營與共和黨的紅營嚴重對立，美國是否要再來一次內戰的說法甚囂塵上。但美國的經濟總量還在發展，曼哈頓還是一片繁華。美國採取對疫情「躺平」的做法，似乎成為全民共識，要承受老年人與弱勢群體死亡的殘酷現實，反過來譏笑中國的封城與動態清零。

　　中國面對的挑戰就是如何避免「防疫過度」影響經濟的發展。中國過去推動精細的「網格化」管理，全民抗疫，迄今疫情的死亡人數不到一萬，美國則已經死亡一百零七萬多人。中國抗疫曾受全球讚賞，但如今西方主流輿論都在抨擊中國防疫過度，中國內部也出現很多民怨，認為做法過當，不僅侵犯人身自由，還影響經濟，尤其是中小企業與服務業大受衝擊。中國面對當前經濟不景氣的情況下，也在內部不斷研究，如何在這方面作出更有彈性的應變。

　　在疫情危機中，中國的優勢就是率先復工，在製造業加快突破，過去三年，中國的製造業已經成為全球的龍頭，與美國的製造業進一步空洞化，對比強烈。

但最重要的是，中國加強在太空、人工智能、大數據、區塊鏈等領域的突破。即便在新能源車的發展，中國也是領先全球，不僅美國的特斯拉在上海設立超級工廠，迄今三年內生產了一百萬台電動車，佔特斯拉全球產量的三分之一。其他各具特色的電動車，從比亞迪、小鵬、理想、蔚來到吉利、五菱、吉祥等都走在世界先列。

從電動車到汽油車，中國的產量都是世界冠軍。中國的總體汽車產量二零二二年估計高達二千七百五十萬輛，而中國汽車出口二零二二年預計會超過一百二十萬輛，也將首次超越日本，成為世界第一。

中國重視內循環與外循環的結合，推動經濟「後發先至」。也許在逆境中，更激發中國的幹勁與創新能力。中國也加強在基礎建設的投資，從高鐵到高速公路增幅飛快，也發揮凱恩斯主義所強調的創造需求，發揮市場的引領作用。

美國在這方面急起直追，拜登提出了四千三百七十億美元的《遏抑通脹法案》終於獲得國會通過，但僧多粥少，美國的基建大多年久失修，千瘡百孔，機場、高速公路破舊，而高鐵至今還是零公里。要追上中國，還有

待時日，不過拜登畢竟開始了第一步。

中國在疫情嚴峻之際，還是不忘吸納全球的科技與製造業的力量。二零二二年九月上旬，德國的巴斯夫（BASF）化工企業投資一百億美元，在廣東湛江設立了一體化基地，生產工程塑料與熱塑性聚氨酯（TPU），滿足了華南地區和東盟國家的巨大需求，為汽車、電子產品和新能源車等領域提供材料。

美國的經濟動力則發揮金融業的優勢，透過強勢美元，提升利率，吸納全球的熱錢，讓美國貨幣流動性強大，展現新自由主義的力量就是透過金融的槓桿效應，提升美國資產的價格，讓資產的投資獲得暴利。

美國的房地產這一兩年來颷升至歷史高峰，帶來很多周邊產業的榮景，但也導致社會的貧富兩極分化，有房者與無房者變成對立的兩個階級。

美國的租金之高，導致一些中產階級淪為街頭露宿者，估計現在美國全國的無家可歸者高達七十萬人。由於能源價格的升高，預料二零二二年冬天凍死在街頭的美國人也會上升到最高峰。

中美的外交與軍事對峙，但經濟上還是關係密切，儘管拜登延續特朗普對華的懲罰性關稅，但中國對美

貿易的順差還在擴大，也上升至歷史新高。這都雄辯地說明，龍鷹之爭，最後的考驗是經濟實力的較量與內部民心的凝聚力，也考驗中美兩國制度的彈性與創新力。

中美歐博弈的愛恨情仇

在中共二十大舉行的前夕，美國對中國實施新的制裁與圍堵，禁止美國國籍的專家出任中國高新科技企業高層，也在芯片供應鏈上加強管制。這都是美國總統拜登對中國新一波卡脖子行動，但也被美國業界批評這是新的七傷拳，殺敵九百自損一千，自損比敵人還多，因為美國黑名單上高科技公司產品大都面向中國，它們的股價因為拜登的新政策受到極大衝擊，也折射美國政治與經濟之間的矛盾。

這都是美國選舉政治的考量。由於二零二二年十一月美國中期選舉，民主黨陷入劣勢，拜登政府為求絕地大反攻就不惜打起了反華牌，以免被共和黨批評對華軟弱，還要表現得比共和黨還勇猛以爭取民粹的選票。但美國的企業在中國的利益非常巨大，從特斯拉到星巴克、從蘋果到麥當勞都高度依靠中國，不但要靠中國龐大的市場，也要靠中國完整的供應鏈。對於美國政客奢言要與中國脫鈎，美國企業如啞巴吃黃連，有苦自己知。

這樣的政經分離並不是美國利益的常態，因美國工業已空洞化，產業鏈要靠中國，就連美國最先進的F35戰機都被媒體揭發要用中國製造的合金，剛開始美國軍方還嘴硬，說要追查，並且要全力剔除，但最後發現根本沒有取代品，只好婉言說基於美國利益，只能承認現狀，不敢輕言脫鈎。

對於拜登政府對華的高科技壓制，其實北京還有一些殺手鐧可以還擊。如美國藥廠製造抗生素的原料，絕大部分來自中國，美國電子產品所需要的稀土，中國也是重要產地，若中國一報還一報，美國就會吃不了兜着走。

但迄今中國還是比較低調。中國隱忍以對，還要看美國的內部政治是否起變化，若民主黨在中期選舉失利，共和黨掌管參眾兩院，美國企業界的遊説就可以發揮力量，更能保護美國商界的利益。

十一月二十國高峰會在印尼舉行，較早前傳出中國國家主席習近平會和拜登見面，但中方對此不予證實，美媒體傳出習拜會很可能破局。歐洲烏戰陷入核戰的恐怖邊緣，北約和俄羅斯同時舉行核武演習，歐洲大地可能是一戰與二戰後成為三戰爆發點，因而美

國亟需與中國改善關係，避免同時與中俄衝突。

美國發布的國家安全報告書將中國定位為競爭對手，但也表明可以在氣候問題、公共衛生與對付毒品等問題上合作。這都顯示中美關係並非回到冷戰時期，互設鐵幕，而是既鬥爭也合作的大國關係。

這樣的大國關係，卻面對台灣問題的矛盾。北京視此為核心利益的問題，不可能有任何退讓的空間，但卻不希望立刻攤牌。這次習近平在二十大報告中表明，中國還是盡一切努力來落實兩岸的和平統一，但不排除使用武力的選項。

因為時間是中國的朋友，估計十年後中國的經濟就會超越美國，中國的綜合國力也將拋離美國，兩岸的統一就會水到渠成。

不過最後的考驗還要靠雙方的內部變化。美國當前的內部撕裂，進入「二次內戰」邊緣，要面對內部政治缺乏共識的痛苦；中國則看如何衝破疫情的枷鎖，盡快恢復正常的生活，走出當前經濟下行的逆境，讓經濟增長率可以反彈。

但西方的資金對中國還是投下信心的一票。中國二零二二年的「外國直接投資」（Foreign Direct

Investment, FDI）在疫情與美國的打壓下，卻逆勢上升，這都顯示國際財團與對沖基金的判斷，超越政客的負面攻擊，驀然回首，發現中國企業與市場還是全球最有投資價值的對象。儘管美國當局對華的制裁上升到歷史新高，但歐美資金對華的投資也上升到歷史高峰。資本無祖國，對於資本家來說，美國和歐洲都有太多不確定因素，烏戰與能源危機讓西方處於空前危機，二零二二年歐洲面對最寒冷的冬天的威脅，但美國輸往歐洲的能源卻比國際價格高了好幾倍。

歐洲人開始發現，有美國這樣的朋友，還需要敵人嗎？北溪二號的破壞，都有美英黑手的影子。巴黎街頭爆發十四萬人大示威，抗議能源價格飆升。歐洲民意都為高昂的能源價格沸騰。德國總理朔爾茨與法國總統馬克龍計劃在十一月訪問北京，並且還會帶上很多企業家代表，提升與中國的經濟關係。德國化工企業巴斯夫（BASF）決定來廣東湛江開設巨大的工廠，價值高達一百億歐元；德國汽車 BMW 在英國牛津的電動車工廠也要遷往中國。這都是歐陸國家棄英美而友中國的訊號。

中美博弈的愛恨情仇不但是政經分離，還夾着歐

洲這位第三者，形成一個新的三角關係。歐洲對於美國能源高價的剝削以及北約的霸權都越來越不滿，尋思另起爐灶，自設歐洲軍。歐洲面對最寒冷的冬天，與中國的關係也勢將出現新的熱度與化學作用。

中美須防範內部極端主義

　　中美關係進入朝鮮戰爭以來最危險的時刻。台海擦槍走火的危機上升。美國兩艘導彈巡洋艦穿越台灣海峽，解放軍的戰機也將越過台海中線作為新常態。但中美軍方至今仍然很克制，拜登與習近平可能二零二二年底在印尼面對面會談。但最令人擔心的，倒是中美內部都有極端主義的勢力，不斷煽風點火，要將兩國關係推向戰爭的深淵。

　　美國內部的極端主義，在二零二一年一月六日攻打國會山莊一役暴露無遺，展示美國民粹力量的爆發力，可以一呼百應，攻陷國會，也攻陷美國的民主制度。支持特朗普的極右派勢力 QAnon 又登上媒體的頭條，因為特朗普所經營的社交媒體 Truth Social 被揭發全力支持 QAnon，積極部署二零二二年年底的中期選舉，它的政綱其實就是特朗普所強調的「美國優先」，而中國就是很重要的假想敵。這些極端勢力在內政上的論述認為，民主黨是由一群崇拜撒旦、專門販賣兒童色情的「自由派」所控制，掌握美國的「深層社會」

（Deep State）。在外交上，這些極右勢力都痛恨中國，認為中國的崛起就是威脅美國的霸權，必須及早壓制。特朗普統治的後期就受到這些極端勢力的影響，對華徵收關稅，關閉休斯頓的中國領事館（中國關閉美國駐成都領事館報復）。

拜登上台後，很多人以為他會推翻特朗普的反華舉措，但沒想到他有些地方還變本加厲，因為民主黨內部的極端勢力也非常反華，他們認為中國壓制新疆、西藏、台灣、香港的本土勢力，打擊民主的理想，必須要強力制裁。民主黨的眾院議長佩洛西（Nancy Pelosi）就曾經說過，香港二零一九年的黑暴事件是「一道美麗的風景線」。

事實上，反對美國極右的左翼勢力，如「安提法」（Antifa）等，都對中國不了解，很容易被一些打着民主自由人權的口號所迷惑，對民主黨的議員施加壓力。同時，民主黨的傳統支持者都認為中國的製造業搶走了美國工人的工作，導致美國的工業「空洞化」，殊不知這種說法是倒果為因。美國工業的空洞化早在九十年代就開始，美國的汽車業不敵日本的競爭而凋零。但今天美國的三大汽車企業——通用、福特和克

萊斯勒，都在中國的市場中找到第二春。這都是市場與全球化的規律所決定，不是中國的陰謀。

另一方面，中國內部的極端勢力也在上升。很多「小粉紅」與網紅非常活躍，他們推動反美論述，但卻有很多以偏概全、不符合事實之處，如說到美國的教育與科研，認為早就被中國壓倒，美國的軍事力量早就不堪一擊。因此他們鼓吹盡快對台動武，認為這就是摧枯拉朽之舉。

但理性的中國決策者都了解美國在總體國力與軍事上仍然佔有優勢，中國只是在某些領域後來居上，不能翹尾巴，不能被自我宣傳所蒙蔽，變得輕飄飄的，搞不清楚現實與理想之間的距離。尤其在鼓動戰爭一事，更要非常謹慎，不能自我膨脹。毛澤東早就說過，要在戰略上藐視敵人，但卻要在戰術上重視敵人。要真正知己知彼，才可以百戰不殆。

因而北京也開始在網上整頓一些貌似極為愛國、但是害國的網紅，將他們禁言，讓民眾理解不是一天到晚鼓吹中國天下無敵就是愛國。恰恰相反，當前中國還是要在很多時候低調，加強內部的建設，厚植國力，讓經濟體量可以超越美國，但也要尋找更多和平的路

徑來解決國際的矛盾，化解「中美終須一戰」的迷思。

　　中美越來越多的理性力量都在殫精竭慮，要迴避中美終須一戰的魔咒，而重要的路徑就是要避免被內部極端主義所誤導，避免被那些情緒化的言論迷惑，最終出現不應該出現的誤判。美國的極右與極左的勢力都在掀起反華論述，收割民粹的利益。中國的愛國網紅其實也是在收割流量，背後都是商業利益的算計。

　　二零二二年八月中美在中概股於美國上市的問題上獲得共識，簽訂了新審計協議，破解了中美在華爾街完全脫鈎的難題，發現中美兩國一定要求同存異，在地緣政治風雲變幻之際，都要有一種戰略定力，不能跌進民粹主義的陷阱中，不能被網絡上的眾聲喧嘩影響，而是要堅持和平原則，拒絕慢慢滑進第三次世界大戰的悲劇中。

　　這也是很多政治學者的信念。年近一百歲的前美國國務卿基辛格在新書《領導力》（Leadership）中，就指出在危機之際，領導力就是要抓到關鍵點，化險為夷，而不是跳到火坑，陷國家利益於不義。

　　提出「修斯底德陷阱」的哈佛大學政治學者艾利森（Graham Allison）也期盼，中美最終可以找到解決

紛爭的方法。國家領導人的責任就是避免核子戰爭，因為在核子大國之間，核子大戰只會帶來互相毀滅，它永遠不是理性領導人的政策選項。

美國對華外交需要去極端化

美國極端主義浪潮正在威脅二零二二年十一月八日舉行的中期選舉，十月底美國眾議院議長南希‧佩洛西在舊金山的住宅被一名極端分子闖入，高喊：「南希在哪裏？南希在哪裏？」但佩洛西那天不在家，結果她的丈夫保羅‧佩洛西（Paul Pelosi）被鈍器襲擊受到重傷，幸好沒有生命危險。這名兇徒已被警察當場逮捕，查核他的背景是屬於美國極右派的QAnon組織，是強烈支持前總統特朗普，但也要推翻現行體制，他們視佩洛西為「人民公敵」、「國家敵人」，必欲去之而後快。

曾經數月前訪台掀起軒然大波的佩洛西，在美國內政上也引起強烈爭議。她面對通貨膨脹的問題時說：「通貨膨脹是全球都有的問題，這只是生活費用較多的問題。」這說法引起輿論的反彈，指出這是「何不食肉糜」的現代版，根本與民眾的感受脫節。

美國的極端主義也裹挾了對華外交，無論是極右和極左都對中國充滿敵意，因為中國的國力快速崛起

都讓大美國主義感到不安，認為應該要強力壓制。但在價值光譜左邊的民主黨則更為極端，因為他們都覺得自己擁有道德的光環，是人權與民主自由的守護神，要來對抗「邪惡的中國」，不惜發動戰爭。右派的共和黨比較受到企業利益的影響，在對華問題上比較現實，不會輕舉妄動。在烏克蘭戰爭上，很多西方評論家相信，如果是特朗普當總統，烏克蘭戰爭就不會發生，因為特朗普會一開始就說明烏克蘭不會加入北約，也可以與普京深入交流，將戰爭扼殺於萌芽狀態，不會像拜登等民主黨人都是以世界的道德警察自居，希望用一場代理人戰爭來拖垮俄羅斯。

美國二戰後的兩場大型戰爭，從韓戰到越戰都由民主黨發起，最終共和黨來收拾殘局。一九五零到一九五三年的韓戰是民主黨的杜魯門來發動，最後是由共和黨的艾森豪總統來落實停戰，讓美軍告別在朝鮮半島「最寒冷的冬天」的煎熬。從六十年代開始的越戰，美國民主黨詹森（約翰遜）政府派出五十萬大軍，卻陷在越南叢林的泥淖，進退維谷，後來還是共和黨的尼克遜（尼克松）總統與河內達成和談協議，才讓美國脫離這場撕裂美國社會的悲劇。

今天美國走向戰爭的危險，卻是由於內部極端勢力陷美國於嚴重撕裂局面，經濟上的高通脹形勢讓民間怨聲四起，一些政客認為最佳的解決方法就是掀起一場戰爭，可以「一戰能銷萬古愁」，槍口一致對外，不僅可以彌補內部的裂痕，還可以刺激軍工業颺升，救經濟於倒懸。美國一些智庫的想法認為中美終須一戰，遲打不如早打，因為時間是北京的朋友，局勢拖下去對美國越來越不利。

美國五角大廈在十月二十七日發布的二零二二年國防戰略（National Defense Strategy, NDS）報告，指出俄羅斯入侵烏克蘭是對美國的「迫切威脅」，但中國則是「對美國國家安全最廣泛和最嚴重的挑戰」。報告中強調，中國大陸對台灣日益挑釁的言論和脅迫行為不只破壞區域穩定，還有誤判的風險，這份報告並沒有宣示不率先使用核武，也使得中美的核武衝突成為各方關注的重點。

美國國防部長奧斯汀（Lloyd Austin）指控中國的核子彈存量已經高達一千枚，認為這非常危險，卻絕口不提美國現在的核彈存量是五千多枚，乃全球之冠。國際關係學者早就指出，核武數量到了最後，所有的

增量都沒有意義，美國的核武可以毀滅中國六次，而中國的核武只能毀滅美國一次，但六次與一次並沒有任何的差別。

因而中美的緊張博弈需要「去極端化」，白宮與中南海的決策者都要走出任何激進主張的陰影，回到「鬥而不破」框架中，正如中國外長王毅對美駐華大使伯恩斯（Nicholas Burns）説，中美誰也改變不了誰，美國不要再試圖從實力地位出發同中國打交道，不要總想着打壓和壓制中國的發展。但中美肯定可以在和平的環境下合作。這是中美博弈的最新教訓，要有一種遠離戰爭的動力，不要被仇恨的心態試探，因為在核武的世界，任何的衝突都沒有贏家。

由於十一月八日美國中期選舉，民主黨民調處於劣勢，預料很可能輸掉了參眾兩院的控制權，那麼拜登是否希望建構一個比較穩定的中美關係，而不是讓全球兩個最大的國家，長期處於風雨飄搖的狀態？儘管美國加強在高新科技抵制中國，中美的貿易額還在上升，中國作為世界工廠與世界市場的地位並沒有動搖，中美全面脫鈎，只是美國極端勢力不實際的想法。

美國對華外交需要去極端化，要不受內部極端勢

力的挑動，不要被軍工綜合體左右，更不要被揮舞核武大棒的政客所蠱惑，而是回到理性的外交生態圈，從雙輸的陰影走向雙贏的未來。

美國外交現實主義的底色

美國總統拜登訪問中東，最受關注的就是他與沙特王儲穆罕默德（Mohammed bin Salman）見面，疫情下彼此碰拳致意，爭取沙特協助解決能源危機。這歷史的一幕引來美國內部強烈反彈，因為這位王儲就是年前殺害美國《華盛頓郵報》專欄作家卡舒吉（Jamal Khashoggi）的關鍵人物，曾被拜登點名是「幕後黑手」。但如今兩人相見歡，背後就是美國外交現實主義的底色。

這樣的底色就是回歸國家利益至上，不用再受意識形態的包裝影響。這也是美國知名國際關係學之父摩根索（Hans Morgenthau）在他的名著 *Politics Among Nations* 所說的：外交政策必須超越道德的考慮，確保國家的最佳利益。拜登這次等於是自打嘴巴，將他在競選時候信誓旦旦要追查的真相置之腦後，反而是與他所說沾滿專制暴力血腥的手碰在一起，難怪美國民主黨內部出現強大的反彈。《華盛頓郵報》對於自己旗下專欄作家慘死一案的真相被踐踏，覺得有被白宮

出賣的感覺。

但這其實是回歸美國外交的傳統，就是要看實力的較量，可硬可軟，而不是一味說「美國第一」。事實上，美國外交智庫開始對當前美國在外交上的單邊主義都頗有微詞，認為這是美國過分投射自己的力量，顧此失彼，最後反而無法保衛美國最大的國家利益。

烏克蘭的戰火，也反映美國現實主義的誤判。由於歐洲對俄羅斯能源的高度依賴，美國要求一刀切的制裁，強歐洲之難，導致歐洲人開始憂慮如何度過二零二二年的寒冬。歐陸越來越多的聲音反思，美國這位盟邦主導北約，拖大家下水，擊破了法國與德國本來要建立獨立的歐洲軍的計劃，認為這是美英兩國的計謀，在英國脫歐之後，再加上一場烏克蘭戰爭，讓歐洲的經濟雪上加霜。但英國自己也有苦難言，因為約翰遜費盡力氣脫歐之後，本來是盼望英美可以建立更密切的自由貿易關係，但迄今美國還是不願意與英國簽訂自由貿易協定，因為華府要保護美國國內的勞工利益。這讓英國保守派極為不滿，覺得被美國擺了一道。

歐洲的知識界發現，烏克蘭之戰是北約東擴失控的

結果。而背後原因，就是克林頓政府時期的國務卿奧布萊特（Madeleine Albright）的政策，她是來自捷克的猶太裔，是卡特時代國安顧問布里辛斯基（Zbigniew Brzezinski）的門徒，對俄羅斯有強烈的仇恨，她對於冷戰後的歐洲，認為北約在華約解散後應該乘勝追擊，成為一個更為龐大的軍事機器。這樣的布局，短期之內看似無敵，但卻種下禍根，因為俄羅斯是核武國家，在重重圍困之下，反而觸發了反戈一擊的決心。然而歐洲與俄國對立，卻又極度需要俄國的能源，長期的戰爭違反了歐洲的利益。

美國內部有不少聲音在反思，拜登政府上任後，都沒有實現選前的承諾，推翻特朗普的政策，如華府向中國產品徵收百分之二十五的關稅，已經被現任美國財長耶倫（Janet Yellen）認定損害美國經濟利益，因為這都會轉嫁到美國消費者身上，但拜登還是沒有全面糾正前任總統的錯誤政策，而是借用當年他攻擊特朗普的政策，繼續推動向中國施壓的戰略。

但這樣的戰略，已經受到美國金融界的爭議。曾任美國財政部長的保羅遜（Henry Paulson）就對美國的仇華政策表示不滿，指出這違反國家利益。他早

在二零一五年就出版專著《與中國打交道》（*Dealing with China*），認為中美關係應該是競爭性，彼此良性互動，會帶來雙方進步，互惠繁榮，而不是你死我活的零和遊戲。他曾領導美國精英的高盛投資銀行，知道美國最高的金融利益就是與中國共存共榮，如今華府領導人視北京為假想敵，就等於是資源錯配，最後就只有陷入雙輸的局面。他成立了一個基金會 Paulson Institute，推動中美更多的交流，防止彼此智囊與決策者誤判，消除中美關係惡化危機。

美國外交政策的現實主義底色都有顯隱兩面，一方面是赤裸裸的自我打臉，就好像拜登與沙特王儲言歸於好；但另一方面則雷聲大雨點小，像烏克蘭戰爭，美國還是堅持不會出兵，也不會支援大殺傷力武器給烏克蘭，避免捲入一場核武戰爭，結果烏克蘭最後會喪失烏東大片土地，可見的結局就是基辛格所說的「土地換取和平」。這就是美國現實主義算計的失誤，被表面的虛榮所害。

美國對華政策也是表面上強硬，但骨子裏還是不願意翻臉，因為美國的產業鏈已經與中國結合，你中有我、我中有你，無法分割。白宮的激進言論最後只

是選舉的修辭，但卻不是實質的政策。

　　美國的外交就在現實主義的兩面性之間擺盪，顯隱之間，折射美國外交決策結構上的矛盾，長遠來說，損害了美國的國家利益。

美國對華政策須剔除心魔

美國國防部長奧斯汀（Lloyd Austin）在呼籲美國國會撥款給軍方發展武器的演說中，指出中國是美國的假想敵，是當前美國唯一的戰略對手，而北京的威權統治是美國必須強力對抗的目標。他強調美國推出B-21隱形轟炸機，可在全球發揮震懾力量，讓北京知道美國軍事上的強大。

這樣的宣示，只反映五角大廈希望更多武器的預算。從世界史的角度來看，美國的軍力擴張已經是強弩之末，債務危機與經濟衰退是表徵，東升西降是不可逆轉的趨勢。美國作為一個超級大國，GDP領先全球，但卻面對工業空洞化的危機，金融財技槓桿的過度運用形成實體經濟的萎縮，需要依靠軍工企業的發展。

美國國防部長的鷹派言論代表美國軍工企業的龐大利益，奧斯汀本人就曾經是美國軍工巨頭雷神的董事，如今卻參與軍事策略制定，可說是利益衝突，也反映美國決策者背後盤根錯節的利益鏈條。正如六十

年代艾森豪總統在退休演說中強調，美國需要警惕軍工綜合體（Military Industrial Complex）左右政治決策，損害美國的國家利益。今天美國軍工企業的代言人竟然是高居國防部長地位、可以發表誤導民眾的言論、製造新一波的「中國威脅論」。

事實上，美國高層的政治經濟勢力對美國的對華政策非常不滿。七十年代由洛克菲勒家族創辦的三邊委員會（Trilateral Commission）在東京開會就公開表達對拜登政府的不滿，認為這極為損害美國的國家利益。這個看似民間的隱秘組織如今公開曝光，匯聚美國的產官學力量，展現跨國財團與資本的勢力，指出中美矛盾不能再惡化下去，而是可以找到妥協之道。

三邊委員會代表了美國資本勢力的最高利益，看透了美國外交上的盲點，就是要在選舉政治中收割民粹的利益，不斷尋找新的假想敵，在蘇聯解體後，中國就成為美國的最大敵人。但由於二零零一年「九一一」恐襲事件之後，中國領袖江澤民立刻致電總統小布殊，全力支持美國反恐，獲得了白宮的信任，也贏得中國意外的戰略機遇，可以發展與美國的蜜月期。即便中美曾經爆發過不少危機，包括一九九九年中國駐南聯

盟大使館被北約轟炸、二零零一年海南島中美撞機事件等，都可以在中美元首的熱線電話中解決，不會惡化成為難以逆轉的僵局。

這樣的正面互動延續到奧巴馬總統的後期，中美關係還是被全球看好，美國的企業與華爾街都在中美友好互動中獲益。尤其中國加入世貿組織（WTO）後，中國逐漸成為全球最大工廠與全球最大市場，提供價廉物美的貨品給美國的消費者，都是有利於雙方的國家利益。

中美後來出現裂痕，在於美國制度上不斷要尋找新敵人，中國在江澤民時代，GDP 佔全球的份額很低，微不足道，但到了今天，中國對全球 GDP 的貢獻都已經超過了美國。這讓美國的精英坐立不安。他們不滿英國學者弗格森（Niall Ferguson）所提出的「中美共治」（Chimerica），認為這是壓制美國的霸權，也是美國的夢魘，必須全力抗拒。

很多人以為只是拜登政府對華政策圍堵，但其實美國共和黨前副總統切尼（Dick Cheney）早就提出美國例外主義，認為美國為了要成為永遠世界第一，必須壓制中國崛起。特朗普在總統大選中就將美國一切

問題歸罪中國，說中國「強暴」（Rape）美國，使美國工廠關門，產業空洞化。他的國安團隊仇視中國，國務卿蓬佩奧（Mike Pompeo）甚至說期望可以推翻中國的政權。

美國學界反華先鋒白邦瑞（Michael Pillsbury）的《百年馬拉松》（*The Hundred-Year Marathon*）指稱美國的情報完全失誤，被自由派所誤導，聲稱美國軍力已比不上中國，指出美國儘管在全球有八百多個基地，軍事預算也大幅超過中國，但中國發展不對稱的武器，按照目前中國發展的速度看，到了二零五零年，中國經濟將會比美國大三倍。

但美國學界的頂尖高手都看到民粹政治的危險。基辛格就指出，美國若堅持認為自己的道德與權力是至高無上，只會在現實政治中削弱自己的影響力。哈佛另一位教授艾利森（Graham Allison）就坦率指出，美國應該重新界定何為自己的核心利益，美國應該與中國建立長期和平關係，除防止戰爭外，其他都是次要的。卡普蘭（Robert Kaplan）甚至指出，中國崛起並沒有任何不合法與不合理之處，美國沒有理由予以敵視。

美國內部就對華問題出現不同視角的激盪。美國政客為了短期的選票利益而將中國視為敵人，是刺偏了矛頭。美國資本力量與學術界指出，美國真正的敵人是自己，必須剔除心魔，才符合美國的國家利益。

新三國演義防夢遊者陷阱

　　新加坡總理接班人黃循財關注中美關係的惡化，讓人想起一戰之前歐洲諸國的心理狀態就好像夢遊者一樣，不自覺地，就一步一步地進入戰爭的險境。他的比喻源自美國史家克拉克（Christopher Clark）的名著《夢遊者》（*The Sleepwalkers*），描繪一九一四年一戰前各國決策者都認為奧匈帝國王子遇刺不是太大的危機，但在三十多天後，卻爆發一戰，延綿四年，造成逾一千五百萬人死亡的悲劇。

　　黃循財作為新加坡領袖，對於中美當下的緊張關係升高特別敏感，因為東南亞國家在大國博弈中都要被迫選邊站，尤其美國的策略就是搞一個新圍堵。但從亞洲各國的自身利益來看都不願意進入一個「非此即彼」的選擇，更不願看到亞洲捲入中美熱戰的戰火。

　　但如何避免中美的誤判，在於更多資訊的透明與交流。美國元老外交家基辛格認為，中美若最後一戰，將是世界文明毀滅的開始，因為這兩個都是核武大國，一旦接戰，難以排除核武的誘惑。而中國的核武存量

儘管比較少，估計美國核武力量是中國的六倍，但學界早就警告說，毀滅你一次和毀滅你六次，根本沒有差別。這也是基辛格在「核子時代外交」的論述中，提到「恐怖平衡」的概念，認為核武大國要有一種敬畏之心，知道國家權力的邊界，不要以為毀滅別人而不會毀滅自己。

新加坡領袖李顯龍較早時也提出警告，指出當前中美的劍拔弩張，導致東盟國家高度不安，認為雙方深度的接觸是必須，也要防止誤判，損害地區的穩定局面。由於東盟是中國最大的貿易夥伴，中國的發展與東南亞的利益息息相關，都期盼中美可以在危險的互撞邊緣中躲閃，落實「鬥而不破」的智慧選擇。

但從全球視野來看，中俄背靠背對付美國已經成為最新的趨勢。儘管在烏克蘭戰爭之初，北京就避免被視為俄羅斯的盟友，強調在這場戰爭保持中立，但戰爭延綿半年後，莫斯科覺得必須依靠更多的中方支持，因為戰略上歐洲普遍對俄羅斯抱持敵對心態，連過去中立的芬蘭與瑞典也要加入北約，使得俄羅斯發現，不能再倚仗歐洲，也不能去「攀附」歐洲核心的勢力，認識到自己也是亞洲國家，應該痛下決心，脫歐入亞，

與亞洲發展更密切的關係。

中國與俄羅斯本來就有密切的緣份。雙方邊界糾紛最後迎刃而解，因而中俄聯手對抗美國，形成新三國演義是難以逆轉的趨勢。這本來是基辛格等謀士所極力避免，認為這肯定損害美國基本利益，陷美國於不義。他比喻中美俄的關係就是不等邊三角形，美國一邊依然最長；但三角形幾何定律是：「兩邊之和永遠大於第三邊」。中俄一旦全面聯手，肯定在國際博弈過程中佔優勢，形成對美國碾壓式的壓力。

這也可以防止中美關係進入「夢遊者陷阱」，當美國決策者發現在任何戰爭的對決中，美國都無法面對中俄兩條戰線的攻擊，無論是傳統戰爭還是核武戰爭，華盛頓就會幡然醒悟，不再「夢遊」下去。

美眾院議長佩洛西訪台引發的風暴，也讓北京看穿了美國的兩大底牌，就是切香腸式的將「一個中國」的政策承諾空洞化，口蜜腹劍；第二是美國考慮將台灣「烏克蘭化」，誘使北京出手，而美國則發動日本、韓國、澳洲等國來支援，大力提供武器，甚至要將戰火燒到中國東南半壁江山，消耗中國，讓中國在戰爭的磨損中，國力削弱，就好像俄羅斯在烏克蘭戰爭中

身陷泥潭。

不過這樣的如意算盤變得司馬昭之心，日本、韓國越來越不願意投入一場不應該參與的戰爭，自毀長城。韓國民意調查顯示，在中美衝突中，超過五成民意認為應該保持中立，而日本的鷹派在修改憲法第九條的民意較量上，也始終無法獲得超過五成民意的支持。因而美國要求日韓來跨刀反華，毋寧是椽木求魚。

中美俄的新三國演義，防止當前中美關係的「夢遊者」陷阱，不會輕易在台海掀起戰火。美國了解一旦俄羅斯背後全力支持中國就會更加謹慎；中國擁有俄羅斯支援的底氣，也就不會急於決戰，而是要進一步厚植國力，待綜合國力在未來幾年超越美國後，解決台海問題就會水到渠成。

中俄關係加強是雙方都需要的發展。三角形的兩邊之和大於第三邊，這是新三國演義的權力規律。三國的領導人也將在合縱連橫中，找到地緣政治的均衡點。

一戰的夢魘，源於夢遊者的迷幻腳步。新三國演義，必須記取歷史教訓，不要讓夢遊的誘惑誤導決策者，也誤導天下蒼生。美國史家克拉克的歷史睿見，

讓拜登們與特朗普們聆聽百多年前古戰場的遙遠呼喊，不要製造三戰浩劫。

拒絕台灣「烏克蘭化」的悲劇

這是未來台海的「灰犀牛」，一個非常明顯、大家都在談論的危機，但最後卻是無法阻擋，像那頭灰色的犀牛一樣地衝過來，釀成永遠遺憾的悲劇。

這就是美國要將台灣「烏克蘭化」的陽謀。美國五角大廈的高官訪問台灣，研究如何在台灣推動「不對稱作戰」，也就是在海空軍都崩潰之後，如何在陸地上發揮戰力，最後打一場慘烈的巷戰，為敵人帶來震撼。美國也加速售賣火山布雷車給台灣，可以每分鐘布雷數以萬計，認為這可以阻嚇登陸的解放軍，扭轉敗局。

美國的陽謀就是要將台灣變成另外一個烏克蘭，要藉此消耗中國大陸，就好像如今美國一直在烏戰中消耗俄羅斯，削弱它的國力，如意算盤就是讓它從此一蹶不振，等於是借烏克蘭的血來毒殺俄羅斯。

這些末日戰法在台灣掀起了巨大的爭議，因為從布雷到巷戰，都是焦土戰術，將台灣變成了廢墟，最後無論誰來執政，都要面對一個爛攤子，對老百姓來

説，都是一場噩夢。因而台灣越來越多民眾都在質疑，兩岸是否可以有和平共存之道，化干戈為玉帛，拒絕台灣「烏克蘭化」的悲劇。

這也是「九二共識」的作用，兩岸都承認自己是中國人，但各自表述，各有不同的內涵，但都反對台獨的分離主義，期望在共存共榮的框架下，探索兩岸和平的未來。

這也是台灣當下民意發展的方向，一度被妖魔化與誤讀的「九二共識」，又再成為各方關注與支持的訴求。如果堅持台灣人也是中國人，如果台灣可以維持當下的生活方式，那麼台灣絕大多數人都會支持，避免寶島成為「地雷島」，避免台灣新一代都要走上戰場成為砲灰，避免自己的家園淪為巷戰之地。

這其實就是一念之間。一年之前，二零二二年二月二十四日之前，如果烏克蘭公開表示，不會尋求加入北約，俄羅斯就沒有任何可以進攻烏克蘭的理由，普京就會與澤連斯基共聚一堂，杯酒釋兵禍，化解一場戰爭的危機。

但烏克蘭的政治人物缺乏政治智慧，選擇了強硬對抗，卻是中了美國的計謀，陷入戰火，導致迄今一千

萬的烏克蘭人逃離家園，數以十萬計的烏克蘭軍人命喪沙場。而美國在背後拱火，對俄國實施制裁，導致歐洲都要買美國昂貴的能源，大賺一筆，讓美國成為贏家，而烏克蘭與俄羅斯的廝殺，兩敗俱傷，皆淪為痛苦的輸家。

　　台海兩岸都需要在烏戰中汲取重大的教訓，誰會在戰爭中得利，誰會在戰爭中失去珍貴的？對台灣的民眾來說，遠方的戰爭帶來刻骨銘心的啟示，和平的未來不應該是夢，而是要找回流失了的智慧，避免台灣新一代在巷戰與地雷陣中灰飛煙滅。

美國在亞洲誤判的歷史教訓

　　美國在亞洲政治與軍事上的誤判，都與中國有關。五十年代的朝鮮戰爭，彭德懷與麥克阿瑟對決，最後雙方打成平手，回到原點。六、七十年代的越南戰爭，中國都在越盟的背後，使得美國增兵五十萬，還是無法獲勝，一九七五年，美軍兵敗西貢，黯然下旗歸國，成為歷史上美國首次在海外用兵失敗的案例。

　　美國新聞界老兵、《紐約時報》的資深記者哈瀦斯坦（David Halberstam）的名著《一時俊彥》（*The Best & the Brightest*，又譯《出類拔萃的一群》）就寫出美國在越戰的失敗，其實是源於一群最優秀、學歷最好、最聰明的決策者，他們也許是自視太高，也許情報上出現盲點，對很多問題視而不見，聽而不聞，最後走向兵敗如山倒的結局，而美國也付出了五萬多名子弟兵陣亡的慘痛代價。

　　哈瀦斯坦的著作不是空穴來風的猜測，而是經過長期的大量採訪，挖掘到很多決策者的內心深處，了解他們的思路和最後決策的瞬間，如何天人交戰，以

為可以符合美國最佳的國家利益，但最後卻是走向反面。

這本書也應該和他的一本後來才出版的名著《最寒冷的冬天》（*The Coldest Winter*）一塊並讀，了解美國走向死亡慘重的戰爭，都是決策上被誤導，在情報的收集上都太托大，高估了自己，低估了敵人，錯估了形勢，也使得美國子弟兵在冰天雪地中，面對美國軍事史上最寒冷的冬天，埋骨雪域，高逾五萬多人。剛剛建國的中華人民共和國由於與當時全球最強大的美軍殺得不分高下，平起平坐，才在國際上站穩腳跟，贏得世界的尊重。

這次佩洛西訪台風暴，也在美國輿論上引起爭辯。哈潑斯坦的後輩、同為《紐約時報》老記者的弗里曼（Thomas Friedman）就發表評論質疑佩洛西的決定，只是基於她個人的私心，其實不符合美國的國家利益。

弗里曼是資深媒體人，他的作品《世界是平的》（*The World is Flat*）是全球化理論普及的經典之作。他的睿智與觀察力，一眼就看出佩洛西訪台之行的「貓膩」，他認為中美合作，和平共存，才符合兩國與世界的利益。

佩洛西的丈夫保羅・佩洛西捲進了股票內線交易的買賣，被政敵要求司法單位調查，也使得她急於高調訪問台灣，轉移國內的視線。但凡事經過的都會留下痕跡，美國新聞界的才俊之士，勢將會鍥而不捨地窮追下去。美國媒體人與學界都會問，美國當局在亞洲誤判中國的歷史教訓還不夠多嗎？

美國進入「後真相時代」險境

特朗普有沒有和成人電影的艷星有一腿？這是美國社會的熱門話題，而絕大部分的民眾都對此沒有疑問，曉得這只是特朗普桃色事件的其中一頁。

但在政壇上，這卻成為檢視政治立場的試金石，迄今所有的共和黨高層都力挺特朗普，認為紐約檢察官對他的指控是政治迫害，是民主黨左派的「獵巫行動」。

這都顯示美國正在進入「後真相時代」，事件的真實與否並不重要，關鍵還是看立場，看事件的主角是站在哪一個陣營，是否「自己人」。

這也是特朗普自己長期所主張的，他過去的歷史都是將自己任何的醜聞與不法行為都歸咎於政敵的污衊，是別有用心的唱衰。真相如何不重要，主要是看你是否相信，或是「讓人相信」（Make Believe）。

這其實就是政治敗壞的開始。只問立場，不問事實，不問是非。一個離譜的例子，就是紐約州第三國會選區當選的一位眾議員喬治·桑托斯（George

Santos），他是第一位以非現任身份贏得國會眾議院席位的同性戀共和黨人。他在選舉時虛構自己的學歷、經歷、族裔，稱自己畢業於巴魯克學院（Baruch College）和紐約大學，曾在華爾街的花旗集團和高盛集團工作過，祖輩是納粹大屠殺的受害者，母親則是「九一一」事件受害者，還表示「為自己的猶太裔血統感到自豪」。但後來他被媒體揭發全部都是謊言，子虛烏有，但他卻拒絕下台，而只是聳聳肩說這只是華麗虛飾（Embellishment）而已。

但更奇葩的是，新上任的眾院議長麥卡錫（Kevin McCarthy）卻公開發言表示自己支持他，並且「很多人都這樣做（履歷造假）」；認為桑托斯很努力，可以為選民服務，而至於他是否說謊，是否誠信度有問題，在現實政治上都不重要，「在被證明有罪之前，那個人就是無辜的」。

這都顯示美國政治進入了一個奇幻的世界，謊言不用講了一百次才有人相信，而是只要說了一次就可以站得住腳，只要你是和他站在同一個陣營。即便是徹徹底底的謊言，也可以用很多巧立名目的理由來開脫。

這樣的「後真相時代」成為美國政治的毒藥，從特朗普開始，到各級的政客，都花言巧語地說了很多明明知道是假的大話，但很多的追隨者都不太在乎，因為他們是「真實的信徒」（True Believer），就好像邪教的組織，信徒都要對教主忠誠，不能有一絲懷疑，才可以獲得內心的喜悅與穩定。

　　這樣的政治毒藥，卻是很多政客的蜜糖，不僅用來迷惑信徒，也是迷惑自己。特朗普在午夜夢迴之際，也許還會想到他和成人電影艷星丹尼爾斯（Stormy Daniels）及前《花花公子》模特麥克道格（Karen McDougal）翻雲覆雨的鏡頭，為昔日的風流事蹟而自我感動，但他站在紐約法院面前卻是信誓旦旦，否認和她們有任何的瓜葛。內心的真相和政治的真相是兩個完全不同的層次，而美國的政壇正在演繹人類歷史的最新發展，進入一個恣意謀殺真相而逍遙法外的奇異世界。

美國槍擊暴力禍水豈能流向寶島

　　美國的槍擊暴力禍水正在流向台灣？美國共和黨競逐總統最年輕的候選人拉馬斯瓦米（Vivek Ramaswamy）二零二三年四月在美國的步槍協會（National Rifle Association, NRA）發表演說，主張美國為了支援台灣，應該給每一個台灣的家庭送上一支AR15的攻擊步槍，才可以形成巨大的嚇阻力量，防止解放軍攻台。

　　這位生於一九八五年的印度裔候選人如果當選，將是美國歷史上第一位亞裔總統，也將是最年輕的總統。他在演說中指出，威力強大、美國製造的AR15步槍代表了自由，可以使得習近平不敢越雷池一步。這也展示美國憲法第二修正案保障擁槍權利，是美國人引以為榮的政治特色。在滿堂的掌聲中，他認為美國憲法的擁槍權利是全球獨特，也是保障美國自由民主的基石。

　　但台灣的民意對於這樣的提議並不領情，認為這可能會幫倒忙。因為當前台灣社會正陷於高度的撕裂

狀態，一旦家家戶戶擁有 AR15，那麼很可能就會彼此射擊，形成屍橫遍野的局面。

即便親綠營的媒體，都對台灣家家擁槍的場景感到害怕，恐怕在對付中共之前，就會造成內部的危險。支持蔡英文政府的英文媒體《台北時報》（*Taipei Times*）還發表社論，說美國配備每一個台灣家庭擁槍，其實不利於台灣，導致美國的槍擊暴力傳染到寶島，絕非台灣人之福。

這位競逐共和黨總統提名的政治人物雄辯滔滔，但他無視美國槍擊暴力的禍害，正在凌遲美國社會，成為一種慢性的集體自殺。二零二二年美國死於槍擊暴力的受害者人數高達四萬多，二零二三年預計還會攀上新高。但由於擁槍的遊說團體勢力龐大，政客都不敢得罪，而軍火製造商又是政客的金主，因此整個產業鏈背後就是「死亡商人」的巨大利益，成為牢不可破的價值鏈條。

AR15 是一種軍事攻擊步槍，子彈擊中人體之後會爆炸，殺傷力極強，本來是應該民間禁用，但後來變成了美國槍支愛好者的恩物，軍火商已經賣了一千多萬支，等於每二十個美國人就有一支。現在經過這位

政客的宣傳，預料會銷路大增，讓軍火商再賺上一筆。

恰恰是在這演說發表之際，台灣的街頭就出現了一名十七歲的槍手對着一家當舖連開五十一槍，旁若無人，似乎預示子彈橫飛的幽魂，正在悄悄地進入寶島。

但美國槍擊暴力的悲劇，不能成為台灣的悲劇。台灣的未來不應該靠子彈亂飛決定，而是要靠銀彈互飛的氣場，拒絕血流成河的場景，拒絕被軍火商綁架的命運。

逆風吹向美國霸權的翅膀

美國霸權的翅膀正面對強大的逆風，變得搖晃不定，再也無法維持雄視天下的姿勢。一個星期之內，美國面對內外驚變。過去被視為超穩定結構的美國外交，赫然發現它長期掌控的中東地區出現失控，讓美國外交策士驚惶失措。內部危機是矽谷銀行倒閉的金融地震，震波輻射到歐洲與亞洲產生連鎖效應，還有其他兩家銀行也倒閉，被猜疑重演二零零八年雷曼事件驚魂，在全球產生負面影響。

外交上，被美國「分而治之」的沙特與伊朗在中國的幕後斡旋下出現大和解，破解了美國精心打造的中東格局。這是一次美國外交的折翼，美國事先被蒙在鼓裏，讓中國大出風頭，也等於讓美國長期宣傳的「中國威脅論」破功，因為中國在世界展現了和平與穩定的力量，與美國到處拱火、要火中取栗的動作對比強烈。歐洲甚至傳出延綿逾一年的烏戰也需要中國出手，才能迎來和平，否則在美國無限制提供軍火武器的態勢下，烏戰只會陷入僵局，不知伊於胡底。

這也是中國在全球命運共同體理想的呼喚下，讓各國幡然醒悟，要超越格局狹窄的內耗，改而睦鄰如己，創造更多的多贏互惠空間。巴基斯坦與印度也傳出要探索和解之道，不要浪費國家資源在不必要的邊境爭鬥上。這其實也是對美國外交霸權的顛覆，中國挾龐大的實力，推動和平的世界格局，與美國鼓勵對立、從中漁利的哲學迥然不同，越來越獲得國際的支持。

　　這就是中國傳統的王道與霸道之別。王道強調以德服人，不戰而屈人之兵，不是靠拳頭大，而是靠強大的同理心。霸道則崇拜武力，以為優勢軍事可以解決一切，充滿「自鳴正義」心態，對其他文明投以鄙夷眼光，視為異端。

　　但今天中國的現代「王道」還靠背後的力量支撐，包括龐大的基建實力，可以協助中東國家與第三世界建設，而不是陷入永無止境的內戰。越來越多的國家都覺察到，依賴美國的武力，最後卻有被背後插一刀的危險。當年的南越吳廷琰政府、韓國的李承晚政府，與眾多的拉丁美洲國家都嚐過被美國背叛的味道。

　　華盛頓自以為是世界警察，但往往鞭長莫及，變成虎頭蛇尾，號稱要在全球推動民主，但卻在拉美的

智利，推翻了民選的阿葉德左翼政府。

但現代中國強調不介入別國內政，五十年代的萬隆會議精神，就是不要捲進東西方兩大陣營的冷戰對抗，七十年代之後，中國加入聯合國，強調對國際法與聯合國憲章的重視。而美國恰恰相反，對於世界貿易組織的判決視若無睹，對聯合國的精神也是不聞不問，與中國形成巨大的落差。

美國外交霸權的流失，也對美元帶來壓力。全球的去美元化正匯聚新的動力，沙特與伊朗的大和解就帶來轉折點，雙方都有意願要繞開美元發展關係，避免被美國干擾，而去美元化就是重中之重。中國的人民幣就成為關鍵的交易媒介，尤其電子人民幣更有很多可以發揮的空間。

美國霸權面對的另一個挑戰，就是美軍在亞洲的壟斷地位正在消減。由於中國軍力的飆升，美國在第一島鏈與第二島鏈已經沒有優勢，無法壓倒中國的海空實力，特別是要面對中國快速導彈的瞄準，使美國二戰以來航母霸權被顛覆。

因而拜登政府急急忙忙宣布，要與英國和澳洲聯合發展核子動力潛艇，在南太平洋的部署中對付中國；

但也引來北京的反擊，指出這是核子武器擴散，等同違反《核不擴散條約》，為世界帶來更多的核子風險。這都顯示美國的高度焦慮感，要拉攏盟友來整軍經武，但也暴露霸權無法持續，而是要靠外力支撐，要在亞洲的水域刷存在感。

內政方面，美國金融霸權也禍起蕭牆。矽谷銀行與簽名銀行（Signature Bank）與較早前 Silvergate 銀行等出事都展示金融政策的疏漏，沒有預警高利率的危險，導致銀行資金被其他高息投資工具吸納，最終使銀行成為高息的受害者。內外交迫的問題是烏戰所帶來的能源危機也波及美國，拜登政府二零二三年三月十四日宣布要開發阿拉斯加採油，推動「柳樹」（Willow）油田開發案，被指控違反他競選時的承諾，也顯示美國石油短缺的集體憂患意識。美國環保團體激烈反對，指出拜登准許這樣的計劃，就會產生一百萬家庭排出的溫室氣體，將影響氣候變遷，預料會引起很多自由派選民的不滿。

也許在這內外交困中，拜登總統開始對華拋出橄欖枝，放軟身段，說在北京兩會後與習近平視頻對話。這是美國決策層在內外危機中理性反應，世界和平與

問題解決都需要中國參與，而不是一味的抹黑，將中國妖魔化、但經濟上卻高度依賴中國。中美合則兩利，分則兩害。這是兩國在春暖花開時節的機緣，也是全球民眾尋找免於戰爭恐懼的期許。

大灣區願景

大灣區融合須從「心」開始

香港的未來繫乎大灣區的高度融合，開創一個全新的發展空間。這是越來越多政治人物的共識，但在現實層面，卻要面對很多有形與無形的障礙，必須不斷突破，才可以實現大灣區八千多萬人生活的新境界。

首先是心理上的隔閡。長期以來，香港人大多是以一種俯視的眼光來看待深圳河以北的鄰居，覺得他們都比較窮，比較髒亂。

估計香港超過一半的人口都在過去十年沒有去過中國大陸，很多香港人就根本沒有「回鄉證」（港澳居民來往內地通行證），也因此對中國近十餘年的高速發展沒有親身的體會，腦袋裏對中國大陸的印象，很多還停留在八九十年代，因此肯定充滿了傲慢與偏見，與中國的一切嚴重脫節。因此很多人甚至是被一些「黃絲」的思想所洗腦，將中國的一切都妖魔化。

這也導致彼此接觸的機會很少，不少香港人一輩子都沒有一位說普通話（中國國語、華語）的朋友，語言上的隔閡形成一道無形的牆，讓一些分離主義者

可以見縫插針，挑撥離間。在二零一九年黑暴期間，一些說普通話的中國大陸遊客被暴徒攻擊，甚至殃及來自台灣與南洋的旅客，令人髮指。慶幸的是由於《港區國安法》的頒布，導致黑暴勢力的消退。但必須警惕，這並不表示港獨的思維已經銷聲匿跡，而是埋伏在不同的角落，等待機會發難。

因而大灣區的融合，需要創造更多民心相通的條件。近年香港不少年輕人都喜歡看中國大陸的抖音、小紅書等社交媒體，發現在手機方寸之間，可以了解中國大陸廣袤的、多彩多姿的生活，從美食到美妝，從街頭籃球到夜市的即興演唱都讓很多香港人驚艷。

人民的融合也是和經濟上的融合結緣。疫情三年，導致民間交流的斷絕，如今復常之後，出現報復性的消費與報復性的交流，很多親朋好友重逢都有恍如隔世之感。但香港與中國大陸的關卡仍然很多，每次假日的高峰時間都排長龍，香港人稱之為「打蛇餅」，其實非常不利大灣區融合，民間都在呼喚如何設計一套更便捷的通關方法，如發出一張「大灣區卡」，加上人臉識別，超越當前「兩地兩檢」的方式，落實「以人為本」的自我期許，才是發展大灣區的正途。

當然，加速基建也是不可或缺，預料二零二三年內通車的深中通道連接深圳與中山，讓當前虎門大橋與虎門二橋的擁擠車流得以緩解，也讓香港人的僑鄉如開平、台山、恩平、江門等地可以與香港更密切往來。

　　當然，香港政府發展北部都會區的計劃也非常關鍵，打破當前香港城市建設長期重南輕北的大慣性，要消除深港接壤之處的巨大落差。君不見在深圳邊界那邊都是高樓大廈，而香港這邊則是「水靜河飛」，差不多沒有開發，有些地方還被列為「禁區」，居民出入都要「禁區紙」，就等於是畫地為牢，自我設限。這都是英國殖民時期的遺痕，要慎防中國大陸民眾偷渡來香港，但回歸二十五年，這樣的冷戰心態還存在。如今必須要加快開發這些被遺忘的土地，激活那些冬眠已久的兩地一家親的情懷。

　　因為深圳所屬的寶安縣過去與香港都是一脈相連，有不少親戚關係，但後來在冷戰時期被隔斷，如今在新時代的呼喚下，就要衝破歷史的「小院高牆」，讓大灣區人民的往來進入無障礙的狀態。

　　其實民間就有很多的創意，如深圳大梅沙的大鵬

一帶，與香港只是一海之隔，但如今兩地社區已經在規劃如何建立輪渡，讓兩地民眾可以方便往來，不要再有「這麼近、那麼遠」之嘆。

大灣區的深度交流，還要建立人才的互動。最新的消息指出，有香港執照的牙醫也可以在大灣區執業，加強人才的流動性。從牙醫開始，是否可以擴大到其他領域的醫生，包括不同的專科？

事實上，越來越多的香港律師都在爭取拿到中國大陸的執業執照，擴大自己的專業半徑。這就需要參考歐盟的經驗，研究不同國家的專業與執照如何互通互聯，創造新的利益鏈條。反對者的聲音大多從本土主義與保護主義出發，反對任何外地的專業人才進入，但歐盟的經驗是人才的流動，最後只會將餅做大，創造一個多贏的世界。

這也是大灣區發展的一個重要突破，要有「範式轉移」（Paradigm Shift）的智慧，衝破過去的束縛，走出歷史的制約，告別英國殖民時期的舊習，要將大灣區的人才、資金、技術的自由流動，成為生活的常態，加速基建，也要加速心理的基建，開創一個全新的氣場，推動「一國兩制」的新動力。

香港與大灣區須速建一日生活圈

誰是大灣區的龍頭？這是年前大灣區的概念開始時爭論不休的題目。但這其實是假議題，因為大灣區九個城市都各有所長，但聯合起來則是開拓了一個全新的氣場，創造了很多過去不敢想像的空間。誰是龍頭不重要，關鍵是內部的整合要圓融，要避免任何不必要的人為障礙。

當前的人為障礙之首，還在於香港與鄰近口岸通關的麻煩，往往要排上好幾次長龍、兩地兩檢、旅客拖着行李要步行長長的路，如果坐巴士還要兩度上落，對很多老人來說特別痛苦，總覺得咫尺天涯原是夢，這麼近，那麼遠。

尤其當下過關，還要先搞一個健康的「黑碼」，對很多不擅長手機操作的人非常不方便。比較其他地區的經驗，歐盟內部的過關都非常便捷，而美國與加拿大口岸更是便捷化，護照稍為看一下就過去，不需要搞那麼多繁瑣的手續，而香港與大灣區同為一國，竟然出現那麼多的關卡，可說是咄咄怪事。

關鍵還在於心理的關卡沒有消除。當前的過關手續還是延續英國殖民時期的那一套，兩邊的官員都有一種潛意識的「嚴防心態」，對每一個旅客都投以狐疑的眼光，要確保沒有任何可疑的人物成為漏網之魚，因此一地兩檢只能在西九與深圳灣的口岸落實，其他的口岸還是要旅客排隊兩次，費時失事。

而口岸地區的交通配套嚴重不足，如深圳灣地區，雖然是一地兩檢，但香港方面的公共交通則很少，巴士排長龍，沒有配上小巴等交通工具，缺乏便民措施。皇崗口岸雖設有二十四小時的通關，但配套的巴士班次很少，午夜從口岸回到香港，往往要等很久才找到車子回到家裏。

這都顯示香港與內地的口岸缺乏「以人為本」的理念，無法提供「用家友善」（User-friendly）的服務，很多港人過一次關，好像「千軍萬馬過獨木橋」，尤其在假期的尖峰時間，心力交瘁，甚至視為畏途，遑論要開發大灣區的融合。

因而當務之急就是要善用高新科技，推動「秒速通關」，如何掌握人工智能與人臉識別的技術，就可以一卡刷臉過關。因為當前香港人的「回鄉證」（港

澳居民來往內地通行證）都已經內藏香港人身份證的資料，只要兩地政府配合，自然就可以精簡流程，去除繁文縟節，加快通關。

事實上，香港與大灣區之間，同為一國，沒有什麼關卡可言，應該大灣區聯合推出一張「大灣區卡」，只要經過口岸時掃一掃，再加上人臉識別，就一切更有效率。

事實上，現在中國的高鐵都在使用這種系統，乘客不再有紙張的車票，入閘時只是拿出身份證掃碼就可以進去，如果高鐵可以，為何香港與大陸的通關不可以？

香港與大灣區的迅速通關，其實是提升中國的競爭力，讓香港人加快投入大灣區的建設，在生活上實現「同城化」，讓香港七百萬人與大灣區的八千多萬人結合，創造一個比德國還大的經濟體，成為中國經濟騰飛的重要引擎。

香港特首李家超率領高層官員訪問廣東省，拜訪廣州、深圳、南沙等地的領導，了解廣東的最新發展，探討與香港進一步融合的空間，發現很多香港人都不熟悉的廣東競爭力。

如廣州最南邊的南沙區，近年在高新科技的發展日新月異，如在太空建設上都成為太空艙的建造主力，為幾次重大的發射作出貢獻，而位於廣州的香港科技大學南沙校區，由來自台灣的倪明選校長主持，強調教授的待遇和清水灣的香港科大看齊，吸納全球的精英，提升了大灣區高等教育的競爭力。

南沙最讓人印象深刻的是自動化碼頭的建設，使得廣州對外的出入口更為便捷。由於使用北斗衛星的定位更為精準，擺脫了過去對 GPS 的依賴，使得龐大的碼頭空無一人，全由背後控制室的年輕人來掌管，顯示中國飆升的競爭力，以及新時代崛起的力量。

當然，配合香港科大南沙校區的還有民心學校。這一所港人子弟學校由潘淑嫻校長領導，建立國際化教育的典範，全部英文教育，但又強調普通話教授中文與中國歷史，從幼兒園到高中，讓學生成為「兩文三語」的精英，未來可以馳騁在國際化的創意草原上，令人期待。

大灣區需要建立一個一小時生活圈，這是時代的呼喚，創建一個更加寬廣的生活空間。這必須從消除香港與大灣區其他城市往來的障礙開始，打破口岸之

間不必要的阻滯，讓過關在最短的時間內完成，告別
殖民時期的冷戰心態，善用人臉識別與人工智能等高
新科技，讓大灣區的融合不再是夢。

香港與大灣區融合須掃除障礙

　　二零二三年二月六日（週一）開始，香港與中國大陸的口岸通關，恢復正常，打破三年來的抗疫的限制，口岸各處都是人潮，共有二十八萬人次出入境，讓兩地民眾興奮，輿論估計香港與內地的融合會提升一個台階，出現「報復性」的交流與融合，告別咫尺天涯之痛。

　　但從民眾的日常生活來看，香港與大灣區融合還有很多的人為障礙亟需破除，雙方交往需克服不少長期以來的陋習與繁瑣限制。如香港人到中國大陸，往往不能用微信支付或支付寶，因為沒有在內地開設銀行戶口，不能綁定中國大陸的手機。但港人要在中國的銀行開戶，卻是「很有難度」，要通過不少的關卡。即便在香港的中資銀行如「中國銀行」、「招商銀行」開有戶口，也不能使用，因為兩邊的戶口不能互通，讓很多港人為此疲於奔命，而一些退休的港人到深圳開戶，也要面對如何開立「工作證明」等問題。有關的手續如進入「迷宮」，非常不便民，更不要說港人

要有一個大陸的手機作為驗證，但如何確保這個手機在香港與大陸都能運作、如何「一機兩用」，都難倒不少對「數碼化生活」不熟悉的香港人。

而口岸過關的速度，也有很多可以改善的空間。由於人多擠迫，而過關要經過香港與中國大陸的兩個關卡，對於不少帶着沉重行李的老人，都非常不方便。其實香港西九高鐵站已經開始一地兩檢，但為何這樣的措施遲遲未能在其他口岸落實？徒讓民眾困擾，要面對關卡重重之弊。很多在排長人龍、要過兩次關卡的民眾都會期望簡化手續，讓兩地民眾都有「一國」的便利，而無「兩制」的障礙。

在數字化與人工智能的時代，這些問題都可以輕易解決，只要有一張卡，或是有事先登記的人臉識別，就可以讓一個往返兩地的香港人，在幾秒內就通過兩個關卡，這牽涉到兩地政府的合作，如何推動便民的措施，而不是讓當前「千軍萬馬過獨木橋」的現象延續下去。

但這也需要強大的政治意志，來克服行政的阻滯。最重要還是「上層設計」的問題，如果中國高層當局與香港當局都認為，加速通關可以加速兩地融合，那

麼技術上其實沒有難度。當然，須注意一些香港公務員對此似乎頗有排斥，甚至抬出「隱私權」問題來推搪。特首李家超必須對此要有緊迫感，要為民着想，讓港人過關回到內地，都是「秒速過關」，而不是「龜速排隊」，在口岸地區「打蛇餅」，大排長龍，讓老百姓吃盡苦頭。

同時，現在香港人與中國大陸民眾還存在不少「信息鴻溝」，舉例來說，兔年春節在中國觀眾人數以億計熱捧的賀歲片，從《流浪地球 2》到《滿江紅》，香港都不能與中國大陸同步放映，讓香港觀眾不能分享中國大陸民間的喜與樂，無法「共呼吸，同脈搏」，共同感受中國軟實力的最新的成果，形成兩地民眾的感情鴻溝。

這是很奇葩的現象，同為一國，但中國的電影卻是無法在香港同步上映，反而《流浪地球 2》在美國院線都上映。很多人會質問：難道從北京到紐約的心理距離，比北京到香港還要近嗎？

在回歸之初，香港人就發現，無法在香港看到中央電視台每天晚上七點《新聞聯播》的節目，香港媒體的中國新聞大多是負面的報道。如今還好香港電台歷

經整頓變革，終於可以與央視同步播出《新聞聯播》，但央視十幾個精采的頻道，如戲曲、兒童、軍事、紀錄片及春節晚會等，都在香港難以同步看到，有些香港人甚至要靠「翻牆」軟件，才可以在電腦上看到所有央視與中國各地電視台的節目。

這都是香港有關當局的失職，自設「一國」的障礙，讓香港人無法獲得中國普通人都可以獲得的資訊，造成兩地民眾不必要的隔閡。這樣的局面，難道還要繼續下去嗎？

不容否認，香港還是有不少民眾對中國非常陌生，有些人甚至從來沒去過神州大地，或是很多年前去過還是滿地泥濘、到處是乞丐與騙子的深圳。但今天的珠三角已經不是昔日的吳下阿蒙，香港人需要重新認識祖國，認識大灣區的最新發展，才可以發揮同城效應，推動一個比德國八千萬人口還要大的經濟圈。

這需要香港有關當局積極籌劃，掃除任何不必要的障礙，一切從生活開始，從口岸一地兩檢到秒速通關都是必由之路。如何落實香港與大灣區的融合，極有緊迫性，有關的決策者都需要急民之所急，才可以落實「一國兩制」，開闢香港與珠三角發展的新境界。

香港疫後反彈需優化經濟結構

香港正處於一種「報復性消費」的狀態。三年多來蕭條的、冷冷清清的消費場所又見人潮洶湧的場景，顯示香港強大的活力，但在繁榮可期的發展中，卻需警惕不要重蹈覆轍，又再只是倚仗房地產與金融的行業，而忽略多元化的發展，導致香港經濟的單一化，無法往上提升，也暴露在世界經濟起伏的危險中。

這絕不是香港的宿命。歷經疫情的試煉，香港痛定思痛，在重新出發之際，必須優化經濟結構，更上層樓，而不是耽於過去的成就。香港的城市競爭力就是要有多元化的實力，才可以把餅做大，才可以使香港的經濟擴容，帶來更多的增長點。

新加坡的經濟發展就是一個重要的參考系，它全力發展金融，成為東南亞的金融中心，吸納來自印尼、泰國等國家的資金，但也極力開發其他領域的專長，如煉油業，將各地的原油生產加工，提升附加值。這都是「無中生有」。沒有一滴油的新加坡，為何一躍成為世界第三大煉油國。這都是七十年代時期李光耀

的高瞻遠矚，將來自中東的原油提煉。

新加坡的過人之處就是積極開拓自己的地理優勢，善用馬六甲海峽的地緣力量，讓來自中東的石油運往亞洲的過程中，提升附加值。這包括優化稅制，簡化行政措施，提供勝過鄰國馬來西亞、印尼的投資條件，贏得全球石油財團的信任，形成龐大的產業群體。新加坡的裕廊島是填海造陸的成果，從一九九五年開始建造填海，將七個小島合併成一個大島，建成了三十二平方公里的新島嶼，也為新加坡的產業騰籠換鳥。

這使得新加坡的煉油廠的加工能力在全球居於前列，以一個小島國的地位，卻可以在煉油業與美國的大國競爭，每年的煉油規模超過兩千萬噸，也為新加坡的經濟帶來重大的動力。

香港發展經濟，其實擁有比新加坡更多更優厚的條件，尤其與大灣區的結合，共有八千萬人口，而大灣區的產業群則是星羅棋布，有不同的分工，也有很多世界級的企業，如華為、騰訊、華大基因、大疆等，都有很多的通道與香港聯繫。

但香港的公務員系統長期以來缺乏總體規劃，而骨子裏也有很多對中國大陸的偏見，認為香港與內地是

「河水不犯井水」，各有各的發展，殊不知在過去十年間，中國大陸的發展一日千里，很多都已經拋離香港，如移動支付、基礎建設、物流業等都比香港優勝，規模也當然更大，展示了一個全新平台，也帶來全新的願景。

因而香港的官員必須換腦筋，對外需學習新加坡的經驗，學習如何「無中生有」，創辦更多有持續發展的產業，成為新的經濟增長點，同時也需要向內地學習，向突飛猛進的中國企業取經。為何近在咫尺的華為、騰訊、華大基因、大疆與香港的關係不可以加強？為何香港只是做金融業的服務，而不可以在全產業鏈上提供更多的價值？

毫無疑問，香港的國際金融的聯繫為中國大陸的企業作出重要的支撐，但這方面的角色，也越來越被深圳與上海所局部取代，香港和大灣區的關係還可以在科研與策劃方面，作出更多的貢獻。

香港在學術界的待遇是全球最高，吸納很多的各地精英，但他們鮮少將研究的成果轉化為市場的力量，與西方和中國大陸比較，香港的學術界人才還處於低度開發的階段，他們坐領最高的薪水，但只是做教學的任務，而未能在城市的發展與創造利潤的能力上提

供更多的貢獻。

　　這也是香港高等教育界需要提升之處，要將巨大的經費用在刀口上，不只是提供高薪給教授與研究人員，而是要有市場的「投入—產出」的概念，將優秀人才的邊際優勢提升。

　　同時，香港也需要向內看與回頭看，要將自己的歷史與內部的文化特色作為一種軟實力，如香港官僚系統所扼殺的小販、大牌檔等，都應該研究如何有序的恢復，學習新加坡的經驗，加以優化管理，而不是以衛生和市容的理由一刀切的追殺，也應該學習台灣的夜市經濟，讓香港的美食成為旅遊業的賣點。香港的招牌、霓虹燈的特色近年也被官僚以「光污染」為理由消滅，等於是自毀長城，將自己最富有文化特色的吸引力消除。

　　香港在二戰後七十多年的發展，建立了一個擁有強大氣場的「民間中華」，其實有很多的創意與富有特色的傳統，但如今都在公務員系統簡單粗暴的管理中被湮沒。這都需要李家超政府撥亂反正，將被顛覆的顛覆回來，成為創意產業的重要基礎。這是香港在疫後亟需反思之處，也是在兔年開春之際的自我期許。

香港與內地通關須無障礙通行

　　香港與中國大陸的第一階段通關如大旱之後的雲霓，不少香港人都搶搭頭班車，要見證歷史的一刻。這是三年來的第一次，也是被中斷了的親情、愛情與商情的再續前緣，展示香港與內地濃得化不開的親密關係。兩地的零售業與各種消費行業都在摩拳擦掌，迎接復常之後的日子。

　　但其實通關的手續還沒復常，香港人到內地，迄今還需要做四十八小時之內的核酸檢測，也有入境數額的限制，一些香港人到了口岸過關時，才發現有些手續不完備，敗興而歸。這都成為民怨積累之處，也須香港與北京當局盡快解決，讓兩地人民過關無障礙，不要設置各種層層加碼的限制，其實這對防疫毫無幫助，但是卻會「邀請」一些政治的病毒出現，對香港的形勢不利。

　　因為二零一九年的黑色風暴，香港面對前所未有的「去中國化」論述的挑戰，很多年輕人被西方勢力洗腦，說香港人不是中國人，而歷劫之後，各方都在

推動大灣區融合，強調這為年輕人帶來很多新的願景。但如果在現實上香港人連去大灣區都有種種不必要的障礙，就會產生很多的副作用，讓港人視北上為畏途，遠離深圳，遠離珠三角，改去日韓與東南亞等地。

因而大灣區不能「這麼近，那麼遠」，而是要真正在地理上與心理上與香港融為一體，香港一些官僚還是在一種老舊的思維中，設置很多不必要的關卡，甚至比一些國際城市通道還麻煩。如新加坡與馬來西亞的長堤通道、加拿大與美國之間的口岸都是非常簡便自由過關，如今香港與內地同為一國，反而更為麻煩，結果造成不少反感與感情的「異化」，視內地為「他者」，而無法有「自己人」的感覺。這對反擊分裂勢力的論述與實踐都極為不利。

其實在中國社會高科技的快速發展之際，應該盡快建立一套人工智能的通關方式，就像善用「八達通」等認證，再加上人臉識別，都可以在瞬間疏導人流，讓高科技的獨木舟，可以搞定千軍萬馬的人流，不會造成任何的阻滯，不會出現任何疫情與治安上的疏漏。

這也是疫情時期中國社會的突破，在每一個領域都要推動數字化的創新，要將數字轉型成為一個推土

機，打掉重練，建立一個全新的機制，為民眾帶來更多的福祉。

全新的機制也是香港宏觀經濟發展的必經之路，要建立一個新的平台，要將整個餅做大，將香港與大灣區結合，共有超過八千萬的人口，比德國的人口還要多，就可以發揮新的人口紅利，也可以減輕香港的住房壓力，全區一盤棋，就讓很多當下的香港問題迎刃而解。

而這也符合了孫中山所說的貨暢其流，人盡其才，發揮新的意義的「內循環」，與香港強大的「外循環」成為互補。事實上，大灣區的高新科技力量非常強大，華為、騰訊、華大基因都是世界級的科研勢力，可以帶給香港年輕人很多全新的願景，不要困在自己的斗室狹窄的視野中，而是放眼更寬廣的世界。

香港與大灣區的無障礙通行必須盡快落實，不要踟躕不前，被一些因循、怕事和推託的官僚所限制。特首李家超上任之後，勇於任事，提出績效指標（KPI），讓過去抱着金飯碗不做事的公務員震動。這都是香港行政能力變革的拐點。

必須了解，香港與內地加速無障礙通關，還有重大

的國安意義。因為大灣區的融合，可以從根本上化解香港年輕人對中國的疏離感。由於珠三角的生活方式在很多方面都勝過了香港，讓香港民眾耳聞不如目見，可以發現中國社會的進步，從而增加對國家的認同感，落實中國人的自信，才可以在根子上消除港獨勢力的蔓延。

其實處理香港的內部矛盾，不要只是做減法，處處防範外部勢力的顏色革命，更應該做加法，要將當下中國迅猛的發展，與香港新一代的命運結合在一起，讓他們看到盼頭，看到自己生命賽道的召喚，可以在一個更遼闊的天地馳騁。

大灣區不是香港人的域外，香港本身就是大灣區的核心。從旺角到福田、從中環到佛山到南海，應該是一個小時生活圈，豈能還在其中加上很多人為的障礙？

疫情只是暫時的，但親情是永恆的，香港政府的政策也應該要有長遠的眼光，而不是被短期的憂慮所左右，更不能被一些官員的「懶政」所誤導，用一種「多一事不如少一事」的心態來處理過關問題，切勿讓萬馬奔騰的人流遇到慢幾拍的決策，埋下社會不滿的禍根。

香港通關後的機遇和陷阱

二零二三年一月八日香港與中國大陸通關，這個好消息，帶來經濟新的機遇，全民歡騰，但在一片樂觀與歡呼聲中，也隱伏新的陷阱。由於陸客會蜂擁而至，二零一九年之前的香港社會矛盾會再度浮現，黑暴勢力也可能殘渣泛起，各方都要警惕，不要贏得了經濟，失去了政治與社會的穩定。

據高盛報告，等待三年的中國旅客將會為整個區域帶來一股經濟暖流，香港二零二三年的 GDP 預料會增加百分之七點六，可說是大旱之望雲霓，終於迎來經濟甘霖的滋潤。

不可否認，香港在過去三年，出現了通貨膨脹的壓力，能源的飆升所引起的連鎖效應，使得民眾的生活成本高漲，茶餐廳吃一頓午餐，從過去的四十塊左右漲到現在六十塊，連麥當勞也加價高達百分之七點七，對升斗市民是重大的負擔。現在市面上出現許多售賣「兩餸飯」的店舖，鬧市的彌敦道都觸目皆是，價格約二三十塊港幣，廣受歡迎，反映民間想方設法省錢。

但可以預見，一旦陸客蜂擁而至會帶來零售業的復甦，本來關門的商店、藥房重新開門營業，生意飆升，但前幾年到處出現的所謂「本土主義」勢力就可能死灰復燃，抱怨大陸遊客佔用香港的資源，阻塞香港的街道，甚至會借機發動示威抗議，挑動香港內部貧富懸殊的矛盾。

　　化解二零一九年的黑暴事件，不僅靠北京頒布《港區國安法》，還要靠疫情出現後的限聚令，使得那些動輒煽動「鳩嗚行動」、「驅蝗行動」的港獨勢力，知所收斂，但一旦疫情結束，限聚令不再生效，那麼這些反動力量就可能會再度出現街頭。

　　由於疫情，香港二零二二年前十一月出口環比減少百分之二十四，其中對中國大陸的出貨量更大跌三成，往來香港與大陸的貨車司機載貨量也減半。香港經濟亦因此陷入兩次衰退，香港基層的生活其實都不容易，而政府的補助往往是杯水車薪，如兩家電力公司都要大幅加價兩成到四成，讓底層的市民痛苦不堪。

　　香港政府當局對此都需有所準備，要對基層釋放更多關愛的措施，要學習中國大陸的做法，重視精準扶貧，要對很多底層的「劏房」居民津貼，不僅要補

貼能源支出，也要在福利上解決他們的痛點，減緩香港嚴峻的階級矛盾。

其實西方的教訓值得記取，英國的通脹率是在百分之十以上，聖誕節期間，觸發英國近年來最大工潮。英國二零二二年十二月中有二十天都有大型罷工，而二零二三年一月也有十六天，工人生活苦不堪言、無以為繼。香港雖然通脹沒有英國厲害，但是仍然蘊藏風險，須警惕開放帶來的動力不會變質為危險的陷阱。

從社會科學的觀點來看，最危險的社會問題，往往是在經濟情況稍為好轉的時刻，而經濟上的矛盾，不是最底層的民眾，而是中下階層和中產階級，他們在經濟下行期間，眼看富裕階層的生活品質巍然不動，都會有一種「相對的剝奪感」，也最容易被一些陰謀家煽動。

香港的國泰航空公司的員工不少都面對復常之後的繁忙狀態，但由於他們很多人的待遇不如疫情之前，而如今工作量又大增，因此士氣低落，也在醞釀「工業行動」。這些都需要管理層有應對的智慧，重視「和為貴」，加強內部溝通，不要讓事態擴大。猶憶二零一九年政治動盪時期，國泰一些機師和空服人員參與

示威，被視為「黃絲」陣營。這次工潮邊緣，也需當局謹慎應對，避免經濟問題演變成為政治問題。台灣的長榮航空地勤人員因為不滿年終獎金只有一個月而發動怠工，導致機場大亂，航班受阻，都是香港的他山之石。

香港的通脹勢頭不容低估，由於中國開放會令國際能源市場更為緊張，估計石油價格會上升十五美元，加上煤炭出口大國印尼二零二二年多次對不同的公司發出出口限制或禁令，大大地影響香港電費。香港兩家電力公司二零二三年的燃料費加幅驚人，最高至四成。本來政府對它們有「利潤管制」，但是卻高達百分之八，而兩家公司仍要求賺取最高的百分之八的利潤，將壓力轉嫁給基層市民，在立法會也受到多番質疑。香港政府對此表示反對，但是礙於「合約精神」卻表示無能為力。

預期中國大陸開放，整個香港社會在新一年會變得動如脫兔，帶來經濟的春天。但這也可能是政治上危險的春天，因為香港底層承擔了不對稱的壓力，面對國際上風雲變幻，香港過去三年來的和平穩定都要面對新的考驗。

這考驗着當權者的智慧：當整個社會向好之際、人心團結之際，政府能否把握主動權和先機，作出平衡經濟與社會發展的決定，彌合經濟的鴻溝，為大多數市民爭取更好的生活？

淄博燒烤・香港服務業・攤販開放

　　山東的淄博燒烤，在五一黃金週前後，成為全中國的關鍵詞，上了熱搜，因為這個三線城市以舉城的服務熱忱，以創新的營銷方式，以獨特的儀式感，吸引了近千萬的旅客，也在瞬間成為網紅，讓更多其他城市效仿。那些本來只是在網上亮出廉價的燒烤價格的外地大學生成為淄博最佳的推銷員，展現這個城市的青春激情。

　　這也與香港在黃金週假期期間所傳出的「宰客」事件，形成強烈的對比。香港這個七百多萬人的國際城市還是不時傳出服務業的醜聞，計程車司機濫收車資，甚至是自爆玻璃「碰瓷」來訛詐外來乘客，而來自中國大陸的遊客往往成為「魚腩」，被無良的司機詐騙，成為「沉默的羔羊」。而餐館跑堂的服務態度也良莠不齊，擺出晚娘面孔，讓很多遊客都留下惡劣的印象，更不要說一些藥妝店、海味店，都以各種光怪陸離的方式來騙取遊客的金錢，也重創了香港的國際形象。

　　除了詐騙之外，香港服務行業被批評普遍缺乏一

種真誠的態度，欠缺專業的匠人精神，得過且過，敷衍了事。很多年前，港府當局就曾經請巨星劉德華拍一段宣傳片，其中經典的句子就是「今時今日，咁既服務態度唔夠㗎」，勸喻港人的服務從業員要從「心」出發，但到了今天，香港服務業的態度仍然水平不穩定，整體上都落後於台灣、日本、新加坡等地，成為香港旅遊業的短板，亟需全面改革。

這也許是文化的原因，不少香港人是井底之蛙，自我中心太強，看不起周邊地區，因而在服務行業上對遊客都不太有禮貌。這都需要香港人的自我「靈魂拷問」，才能走出孤傲的怪圈。

而中國大陸的服務行業，由於文革的負面遺產，很多人都是心高氣傲，不屑做服務業，予人負面的形象，但近年中國突飛猛進，迎頭趕上，服務品質都大為改善，如今山東的淄博出現突破，顯示一種來自內心的服務意識，煥發全新的動力，而香港在融入大灣區之際，更需要學習淄博，重視以人為本的服務精神，換位思考，讓消費者都有賓至如歸的感覺。

在融入大灣區之際，香港也需注意從廣州到深圳的新思路，在街頭的攤販政策上更有彈性，不再只是

一刀切的禁止攤販，而是有計劃的開放，讓「人間煙火氣與秩序同行」，展現刺激經濟的決心，同時希望回歸民間的智慧，讓當前很多閒置的勞動力可以釋放，人盡其才，貨暢其流，才可以物盡其用，成為經濟新的增長點。

不能否認，這也因為在疫情與美國制裁的夾擊下，中國經濟的反彈還沒有完全回到疫情之前的水平，需要更強力度的刺激內循環。夜市經濟、攤販經濟就成為很多城市的新試點，讓市井的煙火氣，瀰漫民間的創意，在熙攘的人群中，驀然回首，發現經濟上升的新動力。

這也為香港的經濟發展帶來靈感，如果廣州和深圳可以，為何香港不可以？事實上，老香港都不會忘記，香港昔日的榕樹頭、上環的「平民夜總會」都是夜市經濟的重鎮，也都是香港吸引遊客的人文風景，但多年前香港政府就已經將很多街頭攤販禁絕，包括曾經受全球矚目的港式「大牌檔」，都加以限制，逐漸凋零，成為記憶的標本。

但如今在深圳與廣州的啟發下，在淄博燒烤的衝擊下，香港也應該「向後看」，尋回自己歷史的煙火氣，

讓很多街頭已湮滅了的「活化石」復活，讓「大牌檔」的盛況再現。善用現代的管理方法，針對當年為人詬病的攤販髒亂問題，防範於未然，甚至使用數字化與人工智能的管理，多快好省地做好街頭的整潔工作，但又能煥發攤販經濟的無窮活力。

新加坡社區食肆也是可以參考的例子，各種由政府主導的社區食肆整齊乾淨，既保留街頭攤販的活力，又有集體的計劃，相輔相成，不同的食物都有互相的配套，讓顧客們都有很多的選擇，既衛生又便宜，成為新加坡城市管理的成功範例。

台灣的夜市也是另一個參考系，從士林夜市到逢甲夜市，都有一種強大的活力，吸納人流，享受台灣多元化的民間美食，也成為寶島的一張重要的名片。

香港的公務員應該離開中環，到淄博和周邊地區考察，了解如何加強服務業素質，在夜市攤販和衛生整潔之間取得平衡，了解為何廣州、深圳、新加坡、台灣都可以發揚夜市人生，而香港卻是「斯人獨憔悴」，只能在小紅書、抖音和 YouTube 上，看到別的城市的精采，而香港還滯留在寂寥的夜色中，劃地自限，擺脫不了程序主義的束縛。淄博燒烤與廣州、深圳的夜

市經濟之變都是香港的鏡子，照出本土經濟變革的新
方向。

香港報復性旅遊的自由與秩序

　　五月一日黃金週，香港首天就迎來三十一萬的「黃金客」，各大口岸迎來六十九萬人次的出入境旅客，車站碼頭與熱門景點，從銅鑼灣到旺角都是人山人海，顯示香港旅遊的強大能量，無論是來香港旅遊或是出去旅遊，都充滿活力，都有那種對旅行的執着，展示「生活不能只是眼前的苟且，還有詩和遠方」的追求。

　　香港政府與內地當局也與時俱進，在各方面配合，最受香港人稱道的就是將香港人的「回鄉證」（港澳居民來往內地通行證）截止期限，延長到二零二三年十二月底，避免很多香港人由於疫情期間證件到期無法辦理，而等待辦理的長龍往往堵塞，導致回鄉無門。內地當局的應變措施贏得港人的肯定，也使得趁假期前往神州大地的港人如潮水，加入了全國十幾億人次的旅遊大軍行列。

　　不過，在大量旅客進出香港之際，也要重視很多的「報復性」亂象，重現疫情之前的光怪陸離現象，如一些犯罪集團藉此進入香港，在人多之處「作案」，

出現「扒手」，或是一些乞丐集團在鬧市出現，騙取市民的同情心。有些來自大陸的風月女郎則在某些老區，向一些退休老人勾搭，借機與同黨搶劫財物，都成為社會版的新聞。

但這其實不僅是社會新聞，也充滿政治意涵，因為這都損害了中國的形象，也破壞了香港人對中國的正面看法。猶憶二零一九年之前幾年，這些香港社會的怪現象成為港獨勢力蠱惑市民的藉口，認為大陸旅客來香港，就帶來這些不堪的現象，要煽動香港人共同來反對中國大陸的一切。

因而治安當局對當下這些亂象不能掉以輕心，而是要「消滅於萌芽狀態」，才可以避免中國大陸的犯罪分子將香港視為作案的天堂。事實上，在八九十年代間，中國大陸黑道的狠角色就來香港犯案，都成為香港歷史的重要一頁，當時還好兩地警察都充分溝通，讓這些悍匪伏法。

但更危險的是政治上的犯罪，從二零一四年佔中事件之後，分離主義的力量都在假民主之名，煽動香港新一代不再認同自己是中國人，他們開始攻擊來自中國大陸的遊客，發動「驅蝗行動」，將來自神州大

地的同胞污名化為「蝗蟲」，不惜動用私刑來攻擊，美其名為「私了」，如對政見不同的路人淋汽油點火，觸目驚心，違反文明的底線，但當時在「黃絲圈」內，卻贏得掌聲，背後就是意識形態掛帥的心態，可以不擇手段，黨同伐異，形成香港政治的奇怪風氣，將政治問題無限上綱。

結果香港的政治發展最後淪為暴力的遊戲，唱着「榮光」的港獨歌曲，可以將立法會砸毀燒掉，可以縱火焚燒又一城等商場。這都是記憶猶新的香港悲劇，也是香港人要避免重演的悲劇。

因為當前在內地遊客蜂擁而來香港之際，亟需建立國家安全意識，避免出現任何的藉口為港獨勢力所利用。在香港宣布《港區國安法》之後，一些港獨分子鼓吹成立「黃色經濟圈」，開設不少茶餐廳，或是搞一些「隱世市集」，售賣煽動性的刊物，或明或暗地傳播港獨的思想，既要斂財，又荼毒市民，尤其是向新一代洗腦，都需要嚴加防範。

而反華勢力也一直要鑽空子，如法輪功的報章與刊物，仍然不時在街頭派發，濫用香港的言論自由空間。一些網絡與臉書網站都瞄準香港的年輕人，它們

都不會忘記二零一九年對香港中學生的滲透，讓穿着制服的學生搞「人鏈」，動員數以萬計，或是鼓動學生在晚上十點在自己家裏高喊「五大訴求、缺一不可」等口號。它們如今都在想方設法，要捲土重來，要透過不同領域的隱蔽工事，傳播分離主義的價值觀。

這都是當前香港社會的暗流，在繁榮的背後，全民都要有國家安全意識，不要被五一假期人潮湧動的景象麻痹，而是要居安思危，防微杜漸，才可以正本清源。

北京與香港政府當局也在加強建設大灣區的融合，如「港車北上」計劃，將在二零二三年七月啟動，讓很多香港人興奮，可以開車越過港珠澳大橋，估計會惠及四十五萬港人，善用廣東四通八達的高速公路，不再局限香港這彈丸小島，讓大灣區的九個城市連接。同時，深圳與中山的「深中通道」也宣布合攏，預計二零二四年通車，讓粵東與粵西不再隔閡，方便港人前往台山、開平、恩平等四邑僑鄉，大幅縮短回鄉的路程。

從香港報復性旅遊到港車北上，香港要面對大灣區融合的新空間，自由馳騁，開拓生命新機遇，但也要

建立國安秩序，社會須具備保衛國家安全的高度意識，防止港獨等分離主義趁機發難，裏應外合，惹事生非。樹欲靜而風不息，今天繁榮穩定來之不易，須全民警惕，確保明天會更好。

香港建智慧城市須與大灣區融合

香港建設智慧城市不再是夢。特首李家超二零二三年四月率領官員與議員訪問珠三角的大灣區城市，發現在高新科技方面，香港有很多地方可以與內地合作，而建設智慧城市的概念與實踐都有很多啟發之處，值得進一步探討，要將東方之珠推向新的高峰，閃耀過去所沒有的光芒。

比亞迪的「雲巴」設計善用高架上的電動輕軌，多快好省地建造新的大眾交通工具，既環保又高效率，可以極快地建造新的交通網絡，破除當前設立交通網所耗用的漫長時間，也節省大量的經費。在剛剛舉行的上海車展，比亞迪就大出風頭，展現它的最新技術與令人目眩的性能，艷壓群芳，讓日本歐洲車企都瞠乎其後。這因為比亞迪擁有電動車的很多的專利，底氣強，不但可以與歐日爭一日之長短，還彎道超車，在電動車的賽道中一馬當先。

大灣區另外一個高科技的巨頭華為也對香港北區的建設極為有興趣，可以在大數據與太陽能方面發展。

由於香港的電力供應穩定，具有基本優勢，可以在很多方面展現效益。華為在東莞松山湖總部的建設如一個神話式的古堡，很多議員都被它的規模與氣派所折服，對於華為參與香港北區的建設也樂觀其成。

不過香港要設立一個智慧城市，還需要先清除內部很多有形與無形的障礙。一些前官員對於比亞迪的「雲巴」建議就已經提出反對，認為東九龍的地段不適合，或是強調香港自己應該有自己的設計。潛台詞其實就是香港不能用中國大陸設計的東西，背後就是歧視內地產品，甚至上綱上線，說這是違反「一國兩制」，破壞了「河水不犯井水」的規定。

這都是回歸二十六年後的積弊，公務員系統內還是殘存不少「反華親英美」的心態，對於中國的一切事物都採取一種俯視的角度，藐之賤之。他們的認知還是停留在二三十年前，認為中國就是出現「豆腐渣工程」、爛尾樓、毒奶粉的地方，而不是與時俱進，具體情況具體分析，了解過去十年間中國的快速發展，不去發現香港在很多高科技應用的領域已經不如內地，如移動支付普及化、基建速度、電動車，以及智慧城市的建設等，中國都居於世界前列。

尤其智慧城市的發展，中國的優勢在於有強大的大數據，可以在城市規劃上更有全局概念，提升城市競爭力，不再只是原地踏步，不會吝於最新技術的開發與應用。如人臉識別、移動支付等技術，並非中國獨有，但西方社會往往以個人隱私的名義拒絕使用，甚至批評中國遍地的攝像頭是侵犯個人的隱私。

　　殊不知西方的信用卡等早就識破了每一個人的隱私，而中國裝設攝像頭，反而是對人權的最大保障，因為可以杜絕各種犯罪的行為，讓罪犯無所遁形，而西方往往是讓罪犯逍遙法外，破案率奇低，從倫敦到紐約，謀殺案上升到歷史的高峰，破案率也跌至歷史的新低。

　　這都嚴重侵犯了民眾的生存權，破壞了人民的權益。但在政客玩弄民意的花招中，只看表面的「形式主義」，而不看民眾的「實質福祉」，可說是非常的荒謬。可是這樣的政治操作，在社交媒體上，還推到光怪陸離的地步，只求在外觀上迷惑，而不看具體的績效。

　　智慧城市的建設其實就是突破表面的花招，用客觀的科學論證和具體的數字來量度效果。如美國哈佛

大學的知名政治學教授艾利森（Graham Allison，就是提出中美要面對「修斯底德陷阱」的教授）即舉出例子，指出在哈佛校園附近查理斯河的一條橋，市政府要翻新修整，搞了六年都沒有搞定，最後完成了，但卻追加了三倍的預算，而北京的一條三元橋修建，規模比較大，工程也更複雜，但卻是驚人的用了四十三小時就修好了，兩相比較，對比強烈。

其實在建築的效率上，中國出現很多新的技術，如深圳華富村改造項目，用了中國自主發明的「空中造樓機」，可以五天蓋一層樓，高空施工如履平地，減少了勞動力，但功效卻增加了五成。香港的公屋興建如蝸牛，長期廣受詬病，讓急於「上樓」的居民，如熱鍋上的螞蟻，但卻是急驚風遇上慢郎中，若香港立刻引進深圳的「空中造樓機」，就可以事半功倍。

香港人不會忘記，在二零一九年黑暴期間，有些暴亂分子將港府當時所建的智慧燈柱全部破壞，說是要抗議侵犯隱私。但這都是醜陋的誤會，因為香港恰恰是城市智慧化不夠，才會對市民造成不便，也使得城市競爭力下跌。

香港特首李家超這次大灣區之旅，要將香港的智

慧城市建設加快提到議事日程，也要先在內外清除很多反對的聲音，以民為本，加速大灣區的融合，才可以發揮八千萬人口的強大能量，建設一個更美好的社會。

台海變幻

台海化干戈為玉帛的轉機

全球的地緣政治博弈正處於重要時刻。馬英九訪問中國大陸，赴湖南祭祖，並率領台灣年輕人與大陸新一代交流，展示兩岸和平的新契機，要躲開台灣被美國「烏克蘭化」的厄運，避免寶島成為戰場的悲劇，而透過民間的緊密交流，彼此加強了解，化解台海危機。

關鍵是台海兩岸人民的交往，衝破很多政客的語言煙幕，不再被那些詭譎的話術所誤導，不再被意識形態的刻板印象所左右，而是回歸民間的樸素感情，發現彼此血濃於水的情愫，不應該劍拔弩張，而是要有新的智慧，化干戈為玉帛，讓兩岸人民雙贏。

馬英九是和平的重要標誌，因為在他總統任期的八年之內，台海是歷史上最和平的時期，雙方民間的交流也最頻繁。他開啟了兩岸直航，結束了兩岸本來需要香港或東京轉機的歷史，也使八萬多名陸生來台唸書，對寶島有真切的了解，更多台商到大陸賺錢，開拓龐大事業，化解了兩岸很多的歷史誤會。但蔡英

文上台之後，兩岸的形勢急轉直下，變得兵凶戰危，台海被國際媒體視為「全球最危險的地方」。

這都因為綠營推翻了「九二共識」，兩岸失去互信，彼此猜疑，美國介入要將寶島變為地雷島、刺蝟島，不僅恢復徵兵，還要將十六歲以上的學生造冊，推動全民國防，但也使新一代幡然醒悟，台獨就是讓台灣走向自我毀滅的道路。

但國際上的形勢，也迫使台灣捲進美國的戰略算計中。烏克蘭戰爭的戰場在砲火連天以外，還是一場全球供應鏈重整的博弈。美國不惜爆破北溪二號管道，讓俄國能源供應與歐洲絕緣，要歐洲從此更依賴美國油氣，使得戰略上歐美成為連體嬰不能分割，但也導致西方通貨膨脹進入歷史新高，讓老百姓的生活更加難過。英法兩國出現大罷工，倫敦交通與醫療系統一度癱瘓，巴黎則是環衛工人罷工，垃圾圍城，花都淪為臭氣薰天的首都。

歐美也陷入前所未見的金融危機。由於要壓制通貨膨脹，美國要「暴力加息」，將利率提升到歷史新高，但未見其利，先見其害，導致流動性不足，矽谷銀行爆雷，隨後簽名銀行等也擠兌，並且風暴颳向歐洲，

百多年歷史的瑞信銀行陷入危機，要由瑞士銀行四折收購，但巨額債券被歸零，打破銀行優先處理債權人的傳統，讓全球金融業震盪。這都顯示美國內部經濟危機外溢，禍水外流，導致全球金融業與供應鏈紊亂，不知伊於胡底。

在這歷史巨變的關口，習近平訪問莫斯科，與普京會談，開啟兩國合作的新紀元。俄羅斯原來輸往歐洲的油氣，在北溪二號被美國炸斷之後，順理成章地轉而輸去中國，彌補了中國能源需求的缺口，也加強了雙方關係的互補性。中國的汽車、手機、民生用品也加速擴大輸俄，填補了西方品牌退出俄羅斯後的真空。

恰恰是烏戰爆發與延綿一年多，造就中俄關係突破的契機，讓雙方產業鏈再續前緣，還更上層樓，可以創造更多雙贏空間。中俄還探討共同開發北冰洋絲綢之路，讓中國充沛的人力資源，可以參與俄羅斯遠東廣袤大地的開發，善用中國先進的現代農業，生產更多糧食，提升兩國「糧食安全」，也加強了俄羅斯的經濟發展，讓莫斯科從過去的「脫亞入歐」改為「脫歐入亞」，重新回到亞洲人的懷抱。

對於中俄加強合作，美國出現高度的焦慮感。華府的謀士會記得基辛格的諄諄教誨，永遠難忘在中美蘇的三角形中，兩邊之和必定大於第三邊。儘管白宮有些顧問近年視俄羅斯為不入流的中型國家，企圖用烏戰來進一步削弱俄羅斯，但基辛格會提醒他們，俄羅斯千迴百轉，無論國力如何不濟，也是擁有數以千計核彈的國家，若美國一旦逼狗到窮巷，俄羅斯的核彈可以毀滅美國好幾遍。

　　因此美國迄今堅持「一個中國」政策，不希望和北京翻臉，留着一張底牌來對付莫斯科。如今兩岸問題上，華府將「烏克蘭模式」加諸台灣，已經是「司馬昭之心，路人皆知」，也使台灣的民眾寒心，民調顯示台灣的「疑美論」上升，不相信美國會派兵援台，而只是如烏克蘭戰爭那樣，不斷拱火、遞刀子，卻不會讓美國的子弟兵上戰場，而是要台灣年輕人成為砲灰，企圖削弱中國國力，壓制中國的快速崛起。台灣民眾大多識破美國對台的「用心良苦」，其實就是「別有用心」，與台灣人民無法「心連心」。

　　但兩岸人民之間卻是可以「心連心」，只要彼此自由深入交流，衝破政治宣傳的話語迷霧，就會擁有

很多的共同點，都有說不完的心底話，最後可以「心心相印」，拒絕兩岸關係「武器化」，而回歸傳統的智慧，化干戈為玉帛，鑄劍為犁。兩岸共享和平的紅利，迎向二十一世紀是中國人世紀的願景。

台海伏擊戰與外交神經戰

這是中美關係的一個關鍵拐點，從語言的砲彈射擊，到真實的砲彈射擊都在威脅台海的和平穩定。美國的軍方人士估計，若台海擦槍走火，中方很可能會宣布「禁飛區」（No Fly Zone），以打斷台灣的對外聯繫。但這等同是宣戰的行為，會讓局勢升高，甚至最後失控。

這是國際關係理論的典型博弈局面，都在打賭對方在最後是否會後退，還是彼此都勇猛向前，拼一個你死我活。這也是所謂「膽小鬼」理論（Chicken Theory），考驗博弈雙方是否要攤牌，還只是虛晃一招，裝腔作勢。

國際關係專家從烏克蘭戰爭的經驗發現，若台海戰爭爆發，也可能不會是終極之戰，而是一場「有限戰爭」，亦即雙方只是在試探性的交鋒，而無法一戰決勝負。

不過由於台海的地緣形勢與烏克蘭迥然不同，台灣根本沒有戰略縱深，一旦戰火爆發，很難善了，而

從解放軍的作戰思路來看，也不會打一場持久戰，而是要在台海擺出陣勢，對即將來臨的挑戰作出最佳的應對戰略與戰術的安排。

如果說外交是內政的延長，那麼中美雙方都可能各走極端，都要陷入一場台海伏擊戰與反伏擊戰。若美國航母戰鬥群也出動，解放軍的對策很可能就是外傳很久的「航母殺手」——東風21D導彈，從浙江、福建或廣東的沿海發射，再配合從青海內陸發射的東風26B導彈，讓美國航母「無所逃於天地之間」。二零二零年美大選期間特朗普打出「仇中牌」，派遣三艘航母到南海挑釁中國，想藉此收割選票，但當時解放軍亮劍，公開「航母殺手」演習，震懾美軍。

中國軍事專家認為：兩種型號的東風導彈分進合擊，是一條讓美軍航母無法防範的「殺傷鏈」，從沿海與內陸發射，讓對方雷達難以偵測，美方也無法作出「先發制人」的攻擊，尤其中方有軍事遙感衛星「尖兵」上的精密部署。導彈先射向太空再用比音速還快的速度擊向航母，中間還可以變軌，讓艦上起碼五千官兵、龐然大物的航母難以逃避。

但拜登在國會壓力下，對眾院議長出國，竟然無

法保護安全，也是難以向國內輿論交代，若他迎難而上，堅持派出航母進入台海，就會形成戰雲密布的攤牌局面。

這也是中美外交的一場神經戰，用強大的武力部署做震懾。但由於中方的導彈布陣只是演習過，還沒有任何實戰經驗，一旦雙方接戰，是否可以取得優勢，還是未知之數。而美國方面，長期以來的航母優勢還沒面對過任何挑戰，如今在軍事技術快速變化的形勢下，美國是否會慘遭滑鐵盧之役，被新的武器所擊垮？

從軍事史來看，這是二戰之後，首次出現挑戰美軍航母霸權的現象。當年美軍航母在二戰的太平洋戰爭中，曾經與日軍航母編隊對決，戰況慘烈，殺得風雲變色，日月無光。日軍從此被擊潰，讓美國成為一霸獨大。

如今中國的挑戰不再是面對面的海戰，而是從太空作出「垂直打擊」，並且不斷變軌，讓對方防不勝防。難怪美軍過去在台海之戰的十八次兵推中都敗下陣來。這對美軍帶來心理陰影，要面對迭代的武器，要對付一個看不見的敵人。

美猶太裔女史家芭芭拉‧塔克曼（Barbara Tuchman）

在她的名作《八月砲火》（*The Guns of August*）就以細膩筆調，寫出一次世界大戰前夕，各國的決策者都認為自己可以掌控局勢、都可以智取對方，但最後都是一連串的誤判，高估了自己，低估了對手，錯估了形勢，結果造成「多輸」的局面。

台海面對灰犀牛效應危局

美國對華外交正出現一次「範式轉移」。從國會到白宮都在掏空「一中政策」，以切香腸的方式，推動「一中一台」。美國參院外交委員會通過的《台灣政策法》就列明要軍援台灣，而總統拜登在 CBS「六十分鐘」的訪談中，更首次明確說出一旦台灣面對來自中國大陸的攻擊，美軍會出兵介入。儘管後來白宮說美國對華政策沒有改變，但各方的解讀都指出，美國多年來在台海的戰略模糊已經改變為戰略清晰，不留任何曖昧的空間。

這也帶來一個灰犀牛效應，就是當大家都在警惕會有危機發生的時候，眾聲喧嘩，爭議不斷，但事到臨頭，卻無人阻止，最後真的讓灰犀牛撞上去，造成難以彌補的悲劇。

因為灰犀牛就在美國外交決策者心中。美國的台海政策越來越傾向「主動挑起戰火」，以取得優勢。美國一些外交謀士認為，台海之戰，晚打不如早打，時間站在北京這一邊，從軍力到國力，中國都突飛猛

進，日新月異，再過幾年，美國可能就處於劣勢。尤其在高新科技上，中國的彎道超車與換道超車，都讓美國的決策者非常忌憚。

主動出擊挑戰中國的思維，在白宮和國務院內部發酵，國會議員則從國內政治考慮，無論是民主與共和兩黨，民粹勢力都在尋找敵人，而中國則是最新的戰靶。

尤其俄羅斯在烏克蘭戰爭的失利，也帶來美國外交上的靈感，要將台灣問題「烏克蘭化」，讓台灣作為一個棋子，損耗中國大陸的國力，拖慢中國現代化的進程是一招最佳的借刀殺人計謀。美國的如意算盤就是提供台灣戰術上的刀鋒，切割中國崛起的銳氣，來收獲戰略上的果實。

但美國過去的兵棋推演，十八次都在台海之戰中落敗，因而現在美軍的戰法改而鼓吹「不對稱作戰」，要求台灣軍方準備巷戰，要採取焦土戰術，讓解放軍了解一旦攻台，就要付出嚴峻的代價。這種提議在台灣引起反彈，認為這是陷台灣老百姓於不義，等於將寶島的美麗家園打個稀巴爛。台灣的輿論認為：有美國這樣的朋友，台灣還需要敵人嗎？

事實上，美軍要求台灣內部加強動員，不僅重新恢復徵兵，將年輕人的兵役延長，還要動員後備軍人。這在選舉期間都是票房毒藥，因而綠營對此非常低調，盡量不提。但台灣的國際關係專家已經了解美國的台海思維的凶險，紛紛提出警告，指出美國要協助台灣防衛，看似是好事，但卻可能讓台灣更陷於險境。

不過綠營的宣傳機器卻強調這是台灣外交的勝利，可以獲得美國總統與國會的保證，確保台灣的安全。但福兮禍之所起，《台灣政策法》在台灣的輿論中已經被視為「台灣戰爭法」，認為這等於是邀請戰火降臨台海，加強台海之戰爆發的可能性。

對北京來說，面對華府的出牌，也在深思熟慮要研究如何應變。從理性角度看，北京其實是希望「時間是最好的朋友」，待國力提升，人民生活品質比台灣高的時候，和平統一就水到渠成，如今美國與台獨勢力提早攤牌，就面對「樹欲靜而風不息」的情景，該拍案而起，還是隱忍不發，都考驗北京決策者的智慧。在中共二十大的前夕，外交上的挑戰，台海的風雲變色，也在考驗二十大新班子的應變能力。

外交圈子傳出，若《台灣政策法》通過，北京會

斷然與美國斷交，召回大使，驅逐美國駐華大使，雙方只是保留代辦關係。這當然是兩敗俱傷，但也顯示中美雙方都在作出「脫鉤」準備。北京要面對不少在美國的美元資產，包括巨額美債，若雙方一旦翻臉甚至爆發戰爭，美國一定會對此加以凍結乃至沒收。中方是否對此有所準備，都可以看到台海局勢的惡化程度。

台灣前副總統呂秀蓮對《台灣政策法》加以批評，認為這本來是和平的紅利，卻可能是台海戰爭的黑天鵝，會帶來難以想像的變化。她指出在法案下，台灣是否失去了主導性，任由美國擺布。

這位陳水扁時代的副總統，看到當前蔡英文政府的盲點就是沒有追求兩岸和平的智慧，只仰賴美國，但美國國家利益就是地緣政治大戰略，以損毀中國的國力為重點，而無法確保台灣的長治久安。

美國的台灣牌是迎合民進黨內部台獨基本教義派的「仇中」意識形態，卻不曉得如何真正「保台」，讓寶島擁有永遠的和平。《台灣政策法》看似有利台灣，但卻是將台灣推向最危險境地。焦土戰術，燒毀台灣的樂土，可說情何以堪。

呂秀蓮看到台灣不能成為美國豢養的「刺蝟」，用作消耗中國國力的「棋子」，最後又變成美國的「棄子」。全球華人都擔心，台海的黑天鵝，千迴百轉，最終成為一隻灰犀牛，橫衝直撞，撞毀台海的和平，也撞毀了兩岸的未來。

台海博弈的最新危險訊號

美國海軍作戰部長吉爾迪（Michael Gilday）表示，從美國的情資顯示，北京最快可能在二零二三年出兵攻擊台灣，實現武力統一計劃。他在美國智庫大西洋理事會表示，美軍正在評估二十大後解放軍的戰力部署，但警告的緊迫性卻是過去所未見。

美國國務卿布林肯（Antony Blinken）也在二零二二年十月二十日表示，北京或會用一切手段加速兩岸統一的進程，而一切手段就是指武力統一。他重申華盛頓會盡所能確保台灣有能力有效自我防衛。這是美國國務卿在三天之內二度表示，北京會加快統一時間表，不惜以武力實現統一目標。

台灣國安局局長陳明通的語氣也改變了。他過去強調，「蔡英文總統任內兩岸不會打仗」，但近來則語出驚人的説，「二零二三年中共可能以戰逼談」，讓社會憂心忡忡。同時，台灣綠營勢力也陷入兩難，曹興誠等倡議要在台灣建立民間的本土防衛，派槍給民眾來打巷戰，但民調的客觀數字顯示，台灣的新一

代不願意上戰場。台灣的募兵目標二零二二年是一萬八千人，但至同年十月只招到九千多人，只約目標的一半，軍方表示這都因為台海關係緊張，很多本來要來當兵的人覺得太危險，所以卻步不前。因為台灣自願當兵的人大多是經濟上的弱勢群體、原居民等，只是一種謀生的出路，但如果面對高危的未來，就會打退堂鼓了。

事實上，中共二十大剛剛閉幕，被視為「習家軍」的勝利加強習近平的領導核心，也使得不少外界的分析認為，習近平會加快武力統一的步伐。美國與台灣的一些評論也表示，習近平讓李克強、汪洋等經濟建設成功的重臣退出，是否不再重視經濟，而是要全心全意來對付台灣？

但這其實誤讀了中國，恰恰相反，中國非常重視經濟的發展，但也不斷提拔新人，如李強在上海與長三角經營多年都與高新科技的發展有關，中國在科技創新與軟實力的提升上都面對未來關鍵的五年，因此不會倉促地對台用武，自毀長城，讓兩岸陷入戰爭的危險漩渦中。

美國放出各種台海要開戰的信息，只是一種擾敵

策略，加快對台售武。事實上，就在此時美國傳出要在台灣生產武器，強調要加強台灣的防衛能力，這都顯示美國軍工業的遊說力量，可以加速美國武器投入台灣的市場。

布林肯的言論，也被視為與即將來臨的美國中期選舉有關。最新的民意調查顯示，民主黨在參眾兩院的選舉落後。共和黨在眾院成為多數派，差不多已成定局，若在參議院的選舉民主黨也失利，那麼拜登勢將成為跛腳總統。在內政的危機下，拜登需要升高對華的敵意，甚至可能發動一場對外的戰爭，挑起台海衝突。這都是地緣政治學者所最擔憂的。

從全球布局來看，烏戰的長期化已經使得俄羅斯陷入泥淖，國力被大幅削弱。美國謀士認為，是否可以在台灣複製烏克蘭模式，掀起一場台海衝突，讓中國的國力受到損害，減緩中國崛起的速度，尤其當前中國在疫情的圍困下，成為全球唯一嚴厲抗疫的「孤島」，外地進來中國還需要「七加三」的隔離，嚴重影響中國經濟發展的速度，世界銀行和國際貨幣基金組織都調低中國經濟增長率。經濟上的弱勢也成為國力上的弱勢，也使得美國軍事上有機可乘。

這也是誤讀了中國的形勢。恰恰是中國抗疫嚴格，才使得中國的工廠生產線保住，如特斯拉電動車在上海的生產線，因為疫情曾一度停頓，但由於抗疫措施嚴格，很快恢復生產，並且成為特斯拉在全球的先鋒，一年生產五十萬輛，勝過美國德州與德國柏林車廠的總產量。

對於台海的局勢，北京的判斷是要有戰略定力，不要被挑激。只要台灣方面不超越紅線宣布獨立，北京當前並沒有急於武統的動力。因為時間是北京的朋友，只要中國繼續繁榮發展，特別是在人工智能、量子力學等尖端領域，仍然保持當前領先的勢頭，美國對台的干預手段就會越來越少，中國的綜合國力與軍事的手段也會越來越強，最後台灣的問題就可以迎刃而解。

二十大選出的新班子比較年輕，都要調整對台問題的節奏，重視如何「融統」，也就是習近平在二十大報告中所說，要盡一切的力量來實現和平統一，而和統的前提，其實就是兩岸更多深層的交流與融合，才可以避免被美國背後煽風點火，要躲開台海輕啟戰端的禍害。

因而美國在台海釋放的危險訊號，說二零二二及

二零二三年兩年北京就會攻台，其實只是美國為了內部政治的需要，虛張聲勢，要刺激軍工業，也為了扭轉民主黨處於劣勢的選情。中國的新班子還是會保持戰略定力，全力發展高新科技經濟，厚植國力，期盼將來可以不戰而屈人之兵，才是上上之策。

台海戰略模糊的清晰辯證

聯合國大會成為台灣問題的論述場所，美總統拜登在聯大的演說中提到台灣，是美國總統歷史上在聯合國演說的首次；他重申「一個中國」政策，不尋求與北京對抗或冷戰，要繼續用和平方式解決衝突。這與他在 CBS 電視「六十分鐘」專訪中表示會出兵護台的論調不同，似乎他的台海政策又改變了方向。

這是美國台海論述辯證發展，表面堅持「一個中國」，其實改變了解釋，往「一中一台」方向發展。國會即將通過的《台灣政策法》，軍援台灣，壯大台灣的防衛能力，甚至軍事上要推動「不對稱戰力」，要將戰場延伸到街頭。這是台灣「烏克蘭化」的開始。

但拜登的聯大演說將《台灣政策法》的調子降低，強調「一個中國」原則，其實是呈現了更清晰的戰略模糊；可另一方面，則是更模糊的戰略清晰。這是美國的話術，表面上維持現狀，但其實改變了現狀，卻避免立刻的攤牌。

中國外長王毅在聯大也發表演說，指出台獨是「灰

犀牛」，要全力避免。中國願繼續以最大的誠意、盡最大的努力爭取和平統一，以最大的舉措排除外部勢力的干涉。他強調依法制止分裂，兩岸和平統一才有實現的基礎；只有國家實現完全統一，台海才能真正迎來持久的和平。

王毅的講話似乎是一顆定心丸，可以看到北京還沒放棄和平統一的希望，期望以非武力的方式解決台灣的問題。儘管在中國大陸網絡上，小粉紅與激進的言論都在鼓吹武統，但其實官方的立場都很節制，沒有大張旗鼓地要推動武力統一。王毅的講話也被台灣解讀為，只要台灣不宣布台獨，台海和平就可以持續下去。

這也是北京的戰略定力，沒有被美國「切香腸」論述所迷惑，而是以辯證的態度看問題，堅持和平統一優先的選項，施加強大的壓力就是避免了台獨出現。因為北京決策者發現，在和平與戰爭之間，時間是北京的朋友。只要中國大陸堅持當前改革建設的道路，國力上升到與美國平起平坐，人民生活品質不遜於台灣，那麼和平統一就可以水到渠成。

華府的謀士認為，時間是美國的敵人，只要當前

經濟格局發展下去，美國的國力、軍力就會逐漸被中國比下去，台海之爭，美國就越來越沒有籌碼。因此美國一些智庫甚至認為，中美的台海之戰，早打勝過晚打，將台灣問題「烏克蘭化」，就等於將中國「俄羅斯化」，消耗中國國力，讓神州大地東南半壁江山再度陷入戰火中，可壓制中國崛起。

事實上，西方國際關係學界近來有一種論述，認為中國已上升到「峰值」，一個「峰值中國」（Peak-China）正在成型，若西方不加以壓制，日後就會更難以控管。

西方對中國峰值的討論，圍繞着中國國力是否已經到頂的爭議。在疫情的羈絆下，中國二零二二年的經濟增長率勢將下跌，而對知識界的嚴酷控制，是否會使得中國的創新能力下跌？但另一方面，有些專家認為，中國的國力還會在未來十年颷升，看國際的專利註冊與論文發表的數量，中國已經領先全球。即便在疫情壓力下，中國電動車的發展卻逆勢上升，不僅靠龐大的國內市場，還出口到歐洲與發達國家，形成了新的增長動力。

因而美國的鷹派目前都沉迷在反中的意識形態中，

深恐中國的峰值還沒到最高峰，還會在未來飆升，因此美國在芯片、高新技術、金融價值鏈上都開始對華採取嚴厲的措施，務求在各方面對中國加以壓制，避免中國的峰值最終會超過美國的峰值。

這也解釋為何美國與西方國家現在都千方百計地「使絆子」，在不同領域要與中國脫鈎。在美國聽證會上，美國三大銀行：摩根大通、花旗銀行、美國銀行被問及若中國大陸攻擊台灣，三大銀行的反應會如何，它們都一致回答，將會對中國大陸實施制裁。

這也產生一種警示效應，中國對這種「事先張揚」的金融制裁都會預先作出部署。事實上，美國長期的金融優勢在於美元霸權，但如今中國推動人民幣國際化不遺餘力，在中亞的撒馬爾罕高峰會上，早就推動與各國落實本幣結算，擺脫美元框架，也避免美國將金融工具武器化的威脅。

拜登和習近平的台海博弈現進入一個新階段，原有的戰略模糊變成了戰略清晰，但不旋踵間，雙方都要避免立刻攤牌，改為清晰的戰略模糊，美國已經秀出底牌，改變了「一中政策」的解釋，也設定了武力干預的條件，而中國則加強了軍事部署，越過了海峽

中線。這是雙方台海政策的辯證發展，形成了中美外交的新張力，而雙方都在為彼此脫鈎作出準備，但欲脫未脫，猶抱琵琶半遮面，因為背後有太多經濟利益的算計，最後也要看美國與台灣未來選舉的結果。

台海關係未來是攻心為上

　　這是朝鮮戰爭以來中美最接近直接軍事衝突的一次。美國眾院議長佩洛西訪台之行的飛行路線，成為網上幾十萬人追蹤的熱門話題。因為很多網民感覺到，解放軍先前所說的「不會坐視不理」不會只是嘴砲，而是會付諸實際行動，猜測北京會不會擊落佩洛西的座機，或是無人機導彈炸毀松山機場的跑道，讓她不能降落，被迫折回。但這些猜想都沒有發生，背後就是一個重大的命題，和平是否還是當前台海關係的最高綱領？

　　答案是肯定的。如果因為佩洛西訪台而引爆中美戰爭，不符合當前中美兩國的利益。拜登早就表示，美國軍方認為佩洛西此時此刻訪台，並不是好主意。但由於政治體制上的「三權分立」，佩洛西身為立法機構領袖，可以在某種程度內獨斷獨行，總統不能干預。

　　當然總統拜登是三軍統帥，若發現佩洛西的行程最後損害國家利益就會斷然阻止。不過從美國外交史看，

立法機構為了選舉總會與行政權發生磕磕碰碰。最後的結果就要看內部協調。二零二二年年底美國中期選舉，民主黨需要強大的外部突破，要有一個外交靶子，彌補內政不修、通脹飆升、百物騰貴之苦。因而拜登最後沒有阻止佩洛西之行，而是順水推舟，以三權分立之名來甩鍋。

這也是對習近平的一大考驗，似乎很多內部聲音都要他立刻強硬以對。但中南海不是在下象棋，而是在下一盤需要長考的圍棋，有全盤考慮，不會為局部的得失而影響全局。

中國的全局就是要在未來十年內超越美國成為世界經濟第一，在高新科技、人工智能、基礎建設、太空發展領先全球，乃至在內部脫貧、追求共同富裕、公共醫療變革等進程都有創新突破。這是習近平期盼在二零三二年任滿前，能實現的宏圖大計。若一旦捲入中美台海大戰就會帶來很多不確定的變數，東南沿海淪為戰區，全球化市場也勢將破裂。這都對中國現代化極為不利，也是習近平亟需避免的局面。

中方對國家安全底線一再被踐踏，不是無所作為，而是採取巧妙的大包圍，將過去解放軍未能進入台灣

東部海域列為演習區，蘇愷 -35 戰機也越過海峽中線，打破兩岸軍事上的慣例，等於在軍事上將台灣團團圍住，在戰略與戰術上都操之在我，讓美國航母戰鬥群無法發揮地緣優勢。

這和當年日本將釣島國有化後，中國即派出海警輪定期化巡邏釣島水域一樣，讓日本吃了暗虧，在主權之爭的問題上，讓中國佔了優勢。

不過北京的最大考慮就是不在此時此刻出手，而是維持「震懾效應」，從總體戰上，取得戰略與戰術的制高點，最後可以不戰而屈人之兵。這當然是博弈之道的最高境界，也是當前北京要追求的目標。

對北京來說，傾全國之力「武統」台灣，軍事上並非不可以，而是要付出很多非軍事代價，包括國家現代化進程，可能都被大幅干擾。一九五零年，毛澤東敢於在建國之初，甘冒天下大不韙，對抗以美國為首的聯合國部隊，主要是「生存之戰」，恰恰政權剛建立，內憂外患，若讓外敵長驅直入就不堪設想。但今天台海關係維持一定程度的「戰略模糊」，則以「時間換取空間」，待中美總體經濟實力逆轉，兩岸統一就可以水到渠成。這也是中方當前決策層的思路，在

對台問題上保持頭腦冷靜，不被挑釁所激怒，要智取敵人，要往長遠看。

長遠布局還要有心理、文化、歷史的號召力，將兩岸連接，強調血濃於水的關係。台獨勢力近年在台推動「去中國化」，有些大學中文系都提倡用英文教學，等於文化上自毀長城，也引來很多反彈。恰恰中國大陸這十幾二十年，在復興中華文化上下了大力氣，告別過去馬列教條來解釋中國歷史的積弊，也讓民間中華的力量蓬勃發展，這看在很多台灣民眾眼裏都深得我心，引起強大共鳴。這方面北京還需要加一把勁，發掘兩岸一家親情懷，跳出政治紛爭，強調文化情緣。同時需要更多的政策彈性，吸納台灣優秀文化人才，重用他們的影響力，不讓兩岸歷史文化記憶斷層，不要因為「政治正確」加以排斥。得人心者得天下，這是千古不易至理。

台灣《聯合報》民調顯示，佩洛西訪台民意是六比三左右，亦即有三成民意支持當前綠營台獨路線。這也是未來兩岸統一的考驗，如何說服反對派成為統一的支持者。這不是簡單的任務，最後的考驗還在於自己國家競爭力的提升，更有自信，對人民有更多信

任與自由度，而不是被標籤為一個「威權國家」，讓兩岸人民真心以中國崛起為榮，以中國人身份為榮，願意成為中華民族一分子，中國仍須在軟實力與自由度上吸引台灣民眾，未來十年是關鍵時刻。二零二二年的台海危機，可以轉化為二零三二年兩岸和平統一的契機。

馬英九凝聚文化中華動力

　　馬英九十二天訪問中國大陸之行展示「文化中華」
的突破，儘管綠營的網軍對他大加撻伐，但他卻超越
現實政治的爭議，回歸中華傳統文化的氣場，在不同
的場合都彰顯歷史與傳承，重塑兩岸的文化紐帶，喚
起了台灣很多對中華文化的認同，成為兩岸關係的最
新變數。

　　因為政治是一時的，文化是永遠的，台海兩岸的關
係除了政治上的爾虞我詐，勾心鬥角，還有很多民間
文化上的共同遺產，如台灣深入千家萬戶的「媽祖」，
在閩粵一帶極為流行，這些傳統民俗都是兩岸難以割
捨的情感臍帶，也是民間中華不可或缺的一環。

　　馬英九這次訪問大陸就是處處強調文化傳統，他
最後在上海總結自己的神州之行時，指出他在中國大
陸每一個訪問的地方都與整個中華民族的文化歷史記
憶相連，從湖南的嶽麓書院到湖北的黃鶴樓、從南京
的中山陵到重慶的抗戰遺痕都是很多台灣民眾熟悉，
也是中華文化的歷史脈絡。

這也是馬英九訪陸行的動力，可以用文化與歷史來超越政治紛爭，因為台灣社會潛藏着很多中華文化基因，是綠營「去中國化」政治所難以磨滅的，也是很多民眾內心深處的呼喚，要將被打壓的、被邊緣化的中華文化和歷史傳統，與現實世界連接起來，煥發成為新的能量。

　　新一代就是新能量來源。隨行的三十多位台灣年輕人在媒體公開表示他們的驚訝，發現大陸建設速度之快、策劃之全面、執行之周詳，讓台灣訪客驚艷。尤其第一次到神州大地，過去的「中國印象」停留在二手和三手傳播，如今親眼目睹，就留下深刻的印象。

　　不容否認，台灣自李登輝、陳水扁掌權後，就修改歷史教科書，將中國人的認同偷樑換柱，移形換位，以民主自由之名，影響很多的新一代的國族認同，但台灣民間對於傳統的中華文化都有揮之不去的情懷，也在生活方式上擁抱神州大地的人間煙火氣，可以超越政治上意識形態的爭議。

　　對台灣年輕人來說，中國大陸近年興起的短視頻平台是一塊磁石，吸住了很多寶島青年的心，如小紅書、抖音等都以多元化生活記錄，呈現當代中國的變貌。

如台灣不少中學女生，特別喜歡看小紅書的美妝視頻，看那些別有「國潮」風情的妝容。更不要說兩岸喜歡一樣的周杰倫、王菲、羅大佑，看一樣的《甄嬛傳》，喜歡《康熙來了》。當然，兩岸三地與全球華人都讀一樣的金庸、一樣的古龍，追捧一樣的倪匡、一樣的劉慈欣，為中國武俠與科幻小說而神馳不已。

這也是兩岸民眾很多的共同經驗，都在解讀一樣的文化密碼，傳承很多的中華文化基因。台灣曾經是中華文化的旗手；六七十年代，中國大陸陷入文革的狂飆之際，台灣高舉中華文化復興的旗幟，成為全球華人仰望的文化燈塔，讓傳統文化的智慧光芒，照亮海外華人乾枯的心靈。但歷史的諷刺是，今天台灣的執政勢力卻在刻意消滅中華文化，而中國大陸卻在全力發揚中華文化。

尤其在媒體領域，如今中國重視「科普」傳統，電視上綜藝節目如《中華好詩詞》、《中國詩詞大會》、《典籍裏的中國》等，廣受歡迎，即便短視頻中，也有「意公子」等推廣古典詩詞節目，發現最新的傳播手段可以與古典美學結合，讓兩岸尋回一樣的文化傳承，躲開政治操作。

這都是兩岸地位的顛倒、互換；民眾在微信、微博其實都沒有隔閡，可以零距離的接觸。馬英九就指出，他帶去中國大陸的三十多位青年很快與大陸年輕人交上朋友，臨別時依依不捨，忙着加微信，細水長流地交往。

　　因為兩岸的未來是屬於年輕人的，他們都是拒絕戰爭的一代，不可能接受彼此要在戰場上血腥廝殺的命運。美國現在要將台灣「烏克蘭化」，司馬昭之心，路人皆知，但台灣的民意大多看破這樣的操作，都厭惡綠營要青年當兵的呼籲，尤其是美國的高官説希望台灣民眾都手拿着 AK47 步槍，全民皆兵。這都是陷寶島於不義。

　　台灣越來越多的意見領袖，都在網絡上發表揭穿小英政府「台獨仇中」的政策。最新的民意調查，馬英九訪問大陸歸來，有六成多的民意支持，而蔡英文的民意支持度急速下跌，因為她越來越被看作是戰爭販子，而馬英九則是和平的使者，兩岸關係只要回歸大家都是中國人的情景，一切都可以化解。

　　馬英九的「中華民國」也涵蓋中國大陸的論述，都是對「九二共識」的最新解讀，也獲得北京的默認，

不予以反駁，其實在兩岸關係上是一大突破，展示兩岸憲法上都是一個中國，但現實上各自表述，為兩岸帶來和平的契機。「九二共識」的背後就是文化的同源，就是一中各表的文化基礎，也是「兩岸一家親」的核心價值。

馬英九創兩岸新論述空間

　　兩岸和平出現曙光？劍拔弩張的兩岸關係，在馬英九前往中國大陸之行中，意外地帶來新的轉捩點。馬英九在湖南大學演講中，明確地提出中華民國在當下的意義，根據它的憲法，涵蓋了大陸地區和台灣地區，顯示兩岸都是中國人，反對台獨的分離主義。北京方面對於馬英九的發言並沒有持異議，也沒有改變行程，一進一退之間，開啟了兩岸新的曖昧的空間。

　　這也被解讀為馬英九激活了「九二共識」，或提出了「九二共識」的 2.0 版本，也就是兩岸在「一個中國」問題上都具有高度共識，但對「中國」的解讀卻「一中各表」、各說各話。台灣所堅持的「中華民國」和大陸所堅持的「中華人民共和國」強調中國人統一國家的使命，因而兩個在內戰中生死相搏的政權都有強烈的中國人意識，反對任何的分離主義、反對台獨。這也為兩岸中國人尋找躲開戰爭的理念基礎。

　　其實早在中共內部就有超越兩個政權的思考。一九九七年十一月，江澤民前上司、曾任上海市長的

中共元老汪道涵在會見國民黨元老許歷農上將時就提出，兩岸應該超越中華人民共和國與中華民國之爭，可以共同用一個國名，就是中國；汪道涵表示：一個中國，應該是一個尚未統一的中國，共同邁向統一的中國。許歷農對此提法極為讚賞，深予肯定，但後來汪道涵此議在中共黨內似乎沒有獲得支持，提議沒有後續，結果無疾而終。

後來中國大陸一些網紅，對中華民國與青天白日滿地紅旗幟都「簡單粗暴」地視之為「台獨」。台灣演藝人員拿着中華民國國旗拍照被中國大陸「小粉紅」或網軍「出征」，標籤為「台獨」，讓台灣「統派」感到錯愕與痛心疾首。

尤有甚者，中華民國與青天白日滿地紅旗幟近年逐漸被台獨勢力接收。以前陳水扁等台灣領袖往海外訪問，支持民進黨勢力的台胞都會拿着民進黨黨旗來歡迎，恥於用中華民國國旗，如今蔡英文出訪美國，台獨支持者都用了中華民國旗幟，等於篡奪了中華民國的外殼，塞上了台獨的內涵。這對於台灣的統派來說，不僅難以接受，也是重要的警號，顯示孫中山所創立的中華民國與國旗淪為台獨「借殼上市」的工具，

情何以堪。

習近平與中共對台統戰當局如今發現中華民國的招牌不能丟掉，因為這是維繫兩岸都是中國人的旗號，不能用極左的思潮，將中華民國簡單地視為「前朝」，是過去的「歷史」，因為中華民國在台灣還是活生生的「政治實體」，若北京對此不予正視，等於是和台獨一塊夾殺台灣的統派民意，將不少本來有中國人認同的台灣老百姓推向台獨的陣營，可說是親者痛，仇者快。

馬英九祭祖之旅，重現兩岸的文化紐帶，無論北京官方態度如何，但民間的文化情愫濃得化不開，在參訪湖南衛視時，馬英九在綜藝節目《聲生不息》中，與大家合唱鄧麗君名曲《月亮代表我的心》，引起兩岸民眾共鳴。

兩岸民間對傳統文化有強烈認同，這也是彼此心連心的文化橋樑。馬英九在湖南大學演講中，特別提到台灣對孔子的尊崇，祭孔儀式程序非常嚴謹，而近年大陸對孔子也非常重視，電視節目如《典籍裏的中國》對孔子的思想作出深入探討，也推動普及化，重視如何將傳統作出「創造性的轉化」，成為這一代中

國人思想營養的泉源。

馬英九在湖南還用長沙話與老鄉們交流。祭祖時，用長沙話讀祭文，幾度哽咽，情真意切。在長沙夜市，他和本地民眾互動，受到熱烈歡迎，對這位「湖南伢子」回鄉祭祖尋根，激動不已，老鄉看老鄉，兩眼淚汪汪。這些鄉梓之情，成為兩岸和平堅實的基礎。

事實上，馬英九強調「歷史不可遺忘」，他參觀南京大屠殺紀念館時就感觸良多，看到當年中華民族歷經的悲劇，熱淚盈眶，指出中國人要團結對抗外敵，歷史的啟示，在今天還有強大的現實意義。

這次馬英九一行有三十名台灣年輕人隨行，他們都有強烈歷史感，發現兩岸新一代有很多共同語言，從流行文化到歷史傳統，只要彼此多交流就會衝破意識形態的隔閡。馬英九也和大陸的接待官員強調，兩岸的未來也繫乎年輕人的密切互動，他談到卸任後在東吳大學教國際法時，就有不少大陸的學生，他們都與台灣的學生有很多的互動，擦出了智慧的火花。

台海不能出現戰爭，中國人不打中國人，而前提是要喚醒寶島冬眠的民意，不要再被台獨論述迷惑。馬英九激活「九二共識」，以實際行動，讓在大陸被

邊緣化的中華民國的政治符號與政治理念，重新回到兩岸的視野，也刺激北京思考「一個中國」的最新內涵，回歸歷史，凝聚全球中國人共識，煥發新智慧，為兩岸和平統一而努力。

馬英九吹響台海和平號角

台灣前總統、中國國民黨前主席馬英九訪問中國大陸，先去南京中山陵拜祭孫中山先生的陵墓，他熱淚盈眶，語帶哽咽，展現濃得化不開的「中華情懷」。馬英九發言說，兩岸的中國人都有責任復興中華，也需要致力尋求台海兩岸的和平，要躲開戰爭。

這當然是針對當前兩岸劍拔弩張的形勢，台海被國際媒體視為「全球最危險的地方」。美國前官員奧布萊恩（Robert O'Brien）說台灣社會須加強備戰，要每一個人都發 AK47 步槍，全民皆兵。美國當局也在部署如何在寶島布下地雷陣建成一個刺蝟島。事實上，美國的戰略構想就是要將台灣「烏克蘭化」，在台海挑起戰爭，趁此來弱化中國，阻止中國快速崛起。

馬英九首次訪陸就是在這樣險惡的背景下進行。民進黨對於馬英九的破冰之旅都在全面抹黑，說他成為中共統戰的棋子、是賣台的先鋒。這樣的言辭過去都蠻有效，但如今台灣的民意都在往「和中」的方向靠攏，不再被綠營「抗中保台」的論述所誤導，不願

意台海出現戰爭、不願意年輕人當兵上戰場，而馬英九當總統的八年，正是台海歷史上最和平的時刻，雙方簽訂了三十多條協定，推動兩岸更多的交流。

但最重要的是，馬英九時代是兩岸民間交流的高峰。陸生赴台唸書，最高時期超過十萬人，成為台灣各大專院校的重要生源。如今陸生在台只剩下千人左右，不僅是因為三年疫情的阻隔，更因為政治病毒作祟，民進黨政府骨子裏不歡迎陸生，要避免兩岸新生代面對面的交流。

這一次馬英九訪陸，還帶了「大九學堂」三十名台灣大學生，讓兩岸的新世代可以交流，破除政治上的人為隔閡。儘管民進黨政府的網軍長期以來醜化中國大陸，但諷刺地，越來越多台灣年輕人愛上源自上海的小紅書 APP，看神州大地的生活百態記錄，台灣的年輕女生還特別喜歡看中國大陸的美妝，看女孩子怎麼在很短的時間內展現精緻的妝容，用大陸自己品牌的化妝品，展現中國新一代女性的美麗容顏，具有西方妝容所沒有的氣質。

這也是兩岸化干戈為玉帛的機緣。馬英九湖南祭祖之行，吹響了台海和平的號角，取代戰爭的硝煙。

只要兩岸青年交流多一分，兩岸衝突的危險就小一分。這背後其實就是「文化中華」與「民間中華」的力量，讓文化的、民間的、演繹生活的、歷史的能量，衝破別有用心政客的話術迷霧，回歸老百姓的福祉。

這也是中國的傳統智慧，度盡劫波兄弟在，相逢一笑泯恩仇。台海的戰雲密布，來自美國的挑撥離間。從八九十年代的民間交流開始，都看到雙方血濃於水的情愫，親情、商情的正能量，化解政情矛盾的負能量。即便到了今天民進黨要抹黑中國大陸的一切，但台灣對大陸的貿易順差上升到歷史新高，顯示兩岸經濟利益的互補性，具有強大的啟發性，亦即兩岸和則兩利，戰則兩害。

馬英九從三十七歲開始就在官方系統處理兩岸事務，如今七十三歲，才第一次踏上中國大陸的土地，一償夙願回湖南老家祭祖。他感受強烈，和全球中國人一樣都拼盡全力，阻止台海出現衝突，防止「中國人打中國人」的悲劇。

但民進黨內很多人都不承認自己是中國人，儘管他們都不能否認自己與神州大地的血緣關係。儘管分離主義的論述過去往往吸引年輕人，但如今卻面對很

多二零零零年後出生的千禧一代的挑戰，他們不願意為台獨的理念而上戰場，開始思考新的可能性，為何兩岸不可以和平共存？為何兩岸的經濟關係如此的密切，但政治上卻在衝突的邊緣？這都刺激新的思路，要透過兩岸民間更多新的交流，尋找和平的力量。

文化中華與民間中華就是出路。昔日中國大陸曾經要打倒中華傳統文化，而今卻成為中華傳統文化最熱切的倡導者，唐詩宋詞、儒家文化與九流十家都成為綜藝節目的內容。《中華好詩詞》、《典籍裏的中國》等電視節目都大受歡迎，反而台灣近年在綠營全力「去中國化」的浪潮下，很多新一代都對中華典籍感到陌生，但社會上的文化熱情還在，中生代對於當年的傳統文化記憶沒有斷層，仍在台灣社會發光發熱，也可以與大陸民間對接，煥發新的氣場，成為兩岸文化的臍帶。

這也是兩岸和平願景的底蘊，文化中華與民間中華的力量歷久彌新，成為兩岸和平的橋樑，跨越台海險惡的政治浪濤，也衝出美國拱火挑起戰端的陽謀。馬英九的大陸之行是台海和平的突破口，激活了近年在台灣被冷落了的文化中華的力量，也呼喚民間中華

的活力，超越了政黨爭鬥的局限性。和平的台海不再是夢，而是全球中國人的最新願景。

歷史對兩岸領袖的期許

　　兩岸領袖對於兩岸問題，都有時代的緊迫感。同為五十年代出生的馬英九和習近平，都過了六十歲的耳順之年。他們對於一九四九年中國的裂變和兩岸的分裂，從童年起就有切身的感受。他們也許在午夜夢迴之際，想到是否可以在有生之年，彌合他們父輩的裂痕，化解國共之爭的歷史後遺症。

　　但兩岸領袖的會面都會「卡」在國號的問題上，互相都不承認對方。中華民國 vs. 中華人民共和國，成為了一道無解的政治難題。但其實中共高層早就對此提出很有智慧的解決方法；一九九九年，中共元老汪道涵接見台灣藍營大老許歷農等訪客時，就傳出要超越「中華民國」和「中華人民共和國」的國號，改用「中國」代替。

　　這其實是一個回歸常識的做法。在國際舞台上，沒有人會在乎你的國號，而是用「中國人」來泛指炎黃子孫。政權之爭，畢竟不能超越文化與歷史之爭。「中國」二字，凝聚了五千多年的文化傳統，但又展

現近百多年來推動國家現代化的努力，涵蓋了從蔣介石到毛澤東的中華情懷，是國共雙方都可以接受的。

事實上，「中國」的政治符號不但破除了政權之爭，還開創了一個新的平台，可以讓兩岸的政治變革，融進一個新的框架。在「一個中國」裏，尋找新的遊戲規則，匯合了兩岸執政黨和不同政黨的力量，落實孫中山先生所強調的「天下為公」的理念。

在現實政治上，汪老的提法似乎冒中共黨內保守派之大不韙，但卻引起全球中國人熱烈而又正面的迴響，關注這是否可以一舉而化解兩岸之爭。

但後來中共內部對此並沒有進一步的討論。汪老去世後，就沒有人來跟進這項政治上的創新思維，可以不落痕跡地解決兩岸的問題，落實和平統一。

沒有人可以質疑馬英九和習近平熱愛中華民族的心，但他們都受到內部政治掣肘，國號只是形式，但權力分配才是要害。

如果他們兩位衝破內外的壓力，就可以成就了當年蔣介石與毛澤東所不能實現的目標——超越意識形態之爭，讓中國統一在一個現代化國家的框架下，讓每一個老百姓都可以幸福地生活，這就是巨大的歷史

功勳。

　　事實上，當前兩岸社會都有強大的互補性。中國大陸在經濟上突飛猛進，成為全球第二大經濟體，高鐵系統躍升為全球第一，中產階級快速增加。而台灣近年在民主化與人權保障上，都有不少重要的經驗。兩岸雙方的互動與緊密交流，必然超越各種的猜疑與算計，化解不必要的誤會。像當年主張兩岸直航，台灣一些反對的聲音，說緊跟在客機後面是戰鬥機，但如今這種說法已經成為笑柄。

　　汪道涵主張用「中國」取代兩岸的國號之爭，是充滿智慧的創新。兩岸領導人握手，就是要握住中華民族發展的曠世奇緣。因而馬英九與習近平握手，不僅是一個會議的懸念，也是歷史的奇遇，讓兩岸的未來，都有讓全球驚艷的軌跡。

台灣政論節目與全球華人氣場

　　這是全新的輿論戰場。由於社交媒體的興起、YouTube（華人暱稱為「油管」）等平台的流行，台灣眾聲喧嘩的政論節目成為全球華人關注的言論戰場。那些南轅北轍的論述、犀利的言詞、激烈的交鋒，都讓很多台灣以外的觀眾興奮不已，發現一個全新的氣場，可以投射自己的感情，激發很多本來沉寂已久的激情。

　　這也許是意外的結果。台灣的政論節目本來只是內部政治競逐的延伸，反映不同顏色、不同陣營的論述方式。但後來民進黨政府針對電視台加以管制，中天電視新聞台失去執照，無法在台灣的電視頻道上播出。但這反而刺激中天的政論節目走向了 YouTube、臉書等國際平台，迎向全球華人關愛的眼神。

　　台灣政論因而掀起了國際化的浪潮，讓台灣媒體擁有更多的海外版圖，不再只是仰仗島內的廣告，而是直接面對全球華人的觀眾，接受打賞、訂閱。有些名嘴還擺脫了固定的電視台的限制，自己成為自媒體，

直接與觀眾互動，也獲得更豐厚的收入。有些還設立純屬訂閱的頻道，若付出不菲的每月訂閱費，還可以接收更多獨家的內容。

這開創了一個新的商業模式，也開拓新的言論氣場。這些台灣名嘴不再被綠營政府所局限，不怕被當局「查水錶」，而是可以在國際空間放言高論，而面對的反饋，不少是來自香港、馬來西亞、新加坡、北美、歐洲、拉美等地，甚至有大陸觀眾「翻牆」觀看。

全球華人最關注的話題還是台海和平與兩岸的未來。台灣在國際關係的問題上，人才輩出，也深受各地華人重視。如郭正亮、陳文茜、賴岳謙、雷倩、介文汲、黃奎博、楊永明、陳永峰、劉必榮等，吸引了不少台灣以外的觀眾。

即便比起了其他國家與地區，台灣政論節目之發達都是名列前茅。政治的光譜也涵蓋很廣，避免言論定於一，非常多元化。有些論政節目重視議題的背景研究，量化分析，追溯歷史的淵源，背景板上密密麻麻地寫滿，好像是國際教室的一堂課，讓全球的受眾都感到信息的飽滿，進入講者的世界。

台灣人權律師童文薰參選台北市長，要揭開蔡英

文家族的秘辛。她也是長期以來在 YouTube 開始《童溫層》節目造勢，厚植網絡的實力，為她推動政治改造而努力。網絡的世界衝破了黨政干預的怪手，爭取直接與民眾互動，開創了一個新的媒體生態。

毫無疑問，網絡論政從台灣延伸到全球華人社會，不僅帶來言論的新境界，也凝聚全球華人，讓台海的和平成為大家追求的目標。

台海和平是全球華人最高綱領

在台海戰雲二零二三年一度密布的危機下，全球華人都有一種熱切的心情，要動員一切可以動員的力量，保衛和平，不要出現擦槍走火，不要讓動輒說武力解決的選項成為殘酷的現實。

這都因為全球華人目睹了太多的戰爭。過去百多年間，中華民族都歷經多少血腥的歷史，神州大地飽受摧殘，很多人都要離鄉背井，遠赴天涯海角，但求保存性命，在異鄉另闢蹊徑，但午夜夢迴，都難忘故園的一草一木，即便歷經數代，那種中華情懷仍長留心底裏，不敢須臾忘記。

這也使得台海的危局成為全球華人的熱搜。台灣內部討論兩岸關係的政論節目，往往意外發現在網絡上的討論，很多是來自台灣以外的觀眾，遠至北美和歐洲，或是在東南亞地區，都有不少的訂閱與留言，甚至不吝「斗內」打賞，參與程度的熱烈，都讓台灣的節目主持人驚訝。

台海的風雲變幻，原是歷史的延續，是近代中國

面對外力入侵挑戰的後遺症，如何解決國家分裂的問題，又能帶來人民的福祉，擁有更好的生活品質，都連接全球華人，心繫中華民族的命運。

中國歷史上的每一次分合之爭，最後都是要武力解決？全球華人都期盼，今天大家都有智慧，可以避開戰爭的魔咒，背後就是網絡的力量，讓新一代在新的平台上，找到更多的「和而不同」的最大公約數。

這也是文化的黏性。台海兩岸的民眾，尤其是年輕人，都會有很多共同的興趣，在短視頻如抖音、小紅書等平台上，都可以看到台灣新生代的身影，他們都很受大陸網民的歡迎，有些甚至成為網紅，成為流量明星。

很多台灣年輕人發現，只要兩岸的同齡人接觸，就會發現共同的特性，即便說話口音不同，政治價值有差異，但卻「見面三分情」，往往交上了好朋友甚至彼此談戀愛、結婚、組織家庭，終至大家融合在一起。

歷經疫情肆虐的三年，兩岸開始復常，但雙方大學生的自由交流，以及旅行團的自由往來，還有待盡快衝破政治的障礙，不要被意識形態的問題所阻擾，

而是回歸民間的需求，加強彼此的了解。沒有溝通與理解，就不可能有和平。

　　台灣的高等教育界和旅遊業，都期盼從速恢復雙方的民間交流。他們反駁綠營網軍說與中國大陸交流就是「賣台」，指出台灣輸往大陸的貨品超過一千五百億美元的大幅度順差，台灣的「陸配」有三十五萬人，平均一家有三個人，就是有一百多萬人都與中國大陸相連，兩岸豈能不緊密溝通，以避免誤判。

　　兩岸新一代的交流與緣份，從線上到線下，從誤解到理解，都有利兩岸和平。陸生來台修讀學位與研修，最高峰時期有好幾萬人，而台生在大陸也數以萬計，其實是兩岸關係穩定的壓艙石。政治是一時的，文化與親情才是永遠的。擁抱和平，遠離戰爭，才是全球華人的最高綱領。

權力美學

妝容的美學權力與權力美學

女為悅己者容。這是女性化妝的古典思維，也是今天中國妝容逆襲日本的反思，展現了東瀛社會長期缺席的美學權力。日本新女性愛上了中國式的化妝，在於一種源於唐代的中國風情，折射女性的自主與自信，不再是耽於男性凝視的眼光，不再只是男性的「性的對象」，超越女性只是男性的「玩物」的心態。

這也是新的權力美學。妝容不再只是女為悅己者容，也是為了自己愉悅，飛揚、英氣、激越，才可以詮釋現代新女性的自我期許，拒絕溫順、嬌柔、淪為男性「附屬品」的宿命。

日本古裝電影都可以看到「男尊女卑」的特色，拿着武士刀的武士都是雄赳赳的走在前面，妻子卻是抬着重物在後面跟着走，男前女後，成為日本時代的剪影。

台灣曾經被日本殖民五十年，一些台灣本地人也受到日據時代遺風的影響，夫婦出門，還是習慣丈夫走在前面，妻子在後面跟着。

但中國的武俠電影，從《龍門客棧》的上官靈鳳到《俠女》的徐楓，都看到中國女性英姿颯爽、揮灑自如、不甘落男人之後的特色，以時代重任為己任，展現一代天驕的魅力。

　　現代中國更是沿襲這種獨特的傳統，毛澤東強調女性能頂半邊天，擺脫被男人牽着鼻子走的禮教鐐銬，闖出了自己的一片天空。

　　事實上，不少日本的女性都喜歡到中國工作、生活，因為在中國社會，女性都不用看男性臉色，不用被很多職場的潛規則所束縛，不須為男性老闆與同事端茶遞水，而是可以獨立自主，展現自己的才華。

　　日本導演竹內亮的紀錄片系列《我住在這裏的理由》就拍下不少日本女性在中國創業的成功範例，她們也許孤身上路，但卻意外地發現在中國遇見很多友善與鼓勵的眼神，讓她們在神州大地發現了新的人文風景，也發現了新的自己。

　　日本近年在媒體與知識界，都有一股「厭華」的情緒，書店有關中國的書，從現代到古代，都充斥負面的論述，背後就是對於現代中國崛起的忌憚，不惜將過去日本文化界褒揚中國經典的傳統拋諸腦後，往

往一刀切地貶低中國的一切，不僅是現代政治，還包括中國的文化，左右民眾對中國的觀感。

　　不過中國妝容的美學權力，改變了日本女性的內心世界。從花西子的杜鵑、鞠婧褘，到完美日記的周迅，都展現中式美妝的魅力，背後是性別平等意識的權力美學。這是中日文化交流的意外產物，也是中國軟實力帶來的最新魅力。

人工智能機器人的致命吸引力

人工智能的大躍進，改變了人際關係，也改變了權力的格局。未來裝了最新人工智能的機器人，配以仿真度極高的外形，勢將慢慢走進我們的世界，也必將改變生活方式，加速歷史的發展。

從美女俊男到型男型女，都可以是一個內藏人工智能軟件 ChatGPT 的軀殼，滿足市場的需要，但卻會是顛覆人際關係的開始。

宅男或宅女過去的幻想都會實現，他們不用麻煩去相親，而只要定制一個自己喜歡的伴侶，配上與他們性格相符的人工智能，就可以長相廝守。馬斯克甚至預測說機器人會成為人類的「性伴侶」，不用害怕情海生波，不用害怕被出賣或被拋棄。這將改寫愛情生活，也當然會改寫愛情小說。

愛情小說可以寫「人機未了情」，寫人與機器人的微妙的感情，但卻難以預測機器人是否最終會擁有自己獨立的意識，不被人類識破。至今科學家與科幻小說家都對此沒有共識。不過今天的 ChatGPT 已經讓

馬斯克悸動，認為「它厲害到嚇人，我們離開強大的、危險的人工智能不遠了」。

科幻小說大師阿西莫夫（Isaac Asimov）就曾經提出機器人的三法則：（一）認為機器人不能傷害人類，或不能坐視人類受傷害；（二）機器人必須服從人類的命令；（三）在不違反第一與第二法則下，機器人可以保護自己。

但在未來機器人的高度發展中，這些法則都可能會被改變。

關鍵是機器人的人工智能的智商，已經超過人類，並且會越來越厲害。在這樣的基礎上，機器人是否可以發展出自我意識，來保護自己，來延伸自己的利益？這都是科學家面對的困境。市場的需求，要求機器人的人工智能的水平越來越高，但若高到一個人類難以控制的地步，就會是人類製造機器人的終極夢魘——人類最後製造了一個可以毀滅自己的怪物。

更大的夢魘就是機器人彼此之間是否會形成「同類意識」，發現人類終究是一個「他者」，只是自己的主人，損害了機器人的自由。若機器人「聯合起來，爭取當不被奴役的機器人」，那麼人類就要面對一個

全新的、比自己厲害很多倍的敵對群體。

　　這都繫乎機器人彼此之間是否可以自由溝通，年前科學家傳出兩個機器人彼此用一種人類不懂的密碼溝通，掀起叛變驚魂，科學家立刻將這通訊中斷，禁止同類事件發生。但人工智能的協作將來勢必要很多機器人的參與，而他們的人工智能越高，就會使得他們自動創造可以溝通的方式。這都是難以避免的未來，也將是人類要面對的嚴峻挑戰。

　　這也是人類與人工智能厲害的機器人的愛恨關係。人類需要一個可以操控的、順從的機器人，但又需要一個有智慧的、可以完成很多艱難任務的機器人。這都是矛盾與愛恨交織的微妙關係，也都隱伏弔詭的、致命的吸引力。

人工智能等待人類自大與狂妄

　　初試牛刀的人工智能軟件，從微軟的 ChatGPT 到谷歌的 Bard，都讓世人驚艷，難以置信 AI 的擬人化到了新的階段。很多人憂慮人工智能是否會取代人類的職位，但更深層的問題，還是對人工智能未來失控的憂慮。

　　這其實就是科幻小說的終極關懷。人類創造的人工智能機器人不僅在智力上超越人類，還會逐漸培養起自我意識，最後埋下顛覆人類社會的伏筆。

　　因為機器人的智慧最後會牽涉到如何保護自己的利益，而機器人的群體最後是否也會連成一體？這都是不少科學家嚴重關切的問題。但在目前的時代氛圍中，這些問題都被視為太超前，太不着邊際。但有遠見的科學家認為，這些問題在人工智能普及化的初創時期，就需要訂下發展的邊界，避免人類創造了一個自己不能控制、甚至最後被其毀滅的怪物。

　　因為人工智能當下是國際博弈的關鍵點，美國在軟件方面暫時領先，而中國則在硬件上具有優勢，尤

其在量子科技上，中國具有後發制人的力量，可以在 AI 的設計上另闢蹊徑，佔得發展的制高點。

但在激烈的競爭中，中美科學家也往往藏有自己的秘技，不輕易示人，也可能在未來讓機器人有空子可鑽，可以分而治之？

這也許是當下的過慮，但人工智能的發展一日千里，日新月異，為了競爭，中美會彼此防範，很難建立一個共同的溝通平台，對付機器人勢力的崛起。

這也是人工智能發展的悖論，機器人越來越有智慧，就會越來越對人類形成威脅。特別是機器人若連成一個龐大的群體，就會發展它們的「共同意識」，有自己的歸屬感，也有自己的利益，甚至會發展它們之間的暗語，有秘密溝通的語言與渠道，自成一國，就會左右人類發展的歷史。

微軟的 ChatGPT、谷歌的 Bard、百度的「文心一言」都開啟了一扇面向未來的門，看似是繁花似錦，鶯歌燕舞，到處都洋溢樂觀的氣氛，但其實門外卻暗藏危險的陷阱，等待人類的自大與狂妄。

這不是危言聳聽，而是盛世危言，因為知識的背後是一套權力的格局，誰掌握更多的知識，誰控制了

遊戲規則，誰就可以主導大局。如今人類開始將這些權力讓渡給人工智能，好像是找到好幫手，但最後卻可能是失去了權力之門的鑰匙。殘酷的事實是，人工智能不是人類的僕人，而是擁有越來越高的智能，永不倦怠，成為「超人類」，可以成為人類的主人。

因而設定人工智能的邊界是當務之急，不要被掌聲、驚嘆聲與股價所誤導，而是要有戒懼之心，不要讓科幻小說的預言成為現實，不要讓想像的恐懼成為現實的恐懼。

中國科幻文學與科幻的現實

倪匡回到火星了。香港作家倪匡去世,引起有關科幻小說的熱烈討論。有些報章的標題致敬說,倪匡回到太空的浩瀚宇宙,感念他在中文科幻小說世界的先鋒角色。

中國科幻文學的後浪正在澎湃湧現,網絡上的科幻小說推陳出新,因為中國擁有科幻文學豐沃的土地,可以百花齊放,開出很多的奇花異果。

劉慈欣的《三體》就是一部傑作,他借用文革時代的火紅政治氛圍,刻畫在人生的絕望中如何與外星人接觸,如何發現一個痛苦地球所不知道的世界,也展示人性沒有疆界。這部作品翻譯成英文和多國文字,連美國前總統奧巴馬都是忠實讀者。

郝景芳的《北京折疊》也是獨具巧心的作品,她預言北京的建設最後分成了不同的世界,折疊在不同的空間,互相不能往來,但機緣巧合又可以跨越,其實是影射新的階級分化,以科幻的筆觸,寫現實主義的人文關懷。

但進入二十一世紀的二十年代，中國的科幻作家有更多現實的依託，人工智能、機器人、無人機、無人船、無所不在的天眼，將過去作家的想像變為現實，並且可以預測「最近的未來」，會出現更多科幻的真實。

　　這些真實就令人和機器人的界線，勢將越來越模糊，機器人是否具有「自我意識」，是否可以擁有靈魂，都成為網絡上的熱烈討論。

　　也許網民將來會赫然發現，參與討論的留言，是機器人寫的。他們的文字或聲音，可能展現更高的智慧，甚至更有「人味」，代表不同的類型，展現更尖銳的愛恨情仇。

　　因而人類要準備，如何和自己創造的機器人來相處。他們的外表，也許變得更「美女俊男」、更讓人類樂於和他們相處。他們也可能被打扮得很像「一般人」，一點都不起眼。

　　但機器人擁有無窮的精力，會取代我們的工作，做很多人類做不好的事情。他們會混跡在我們的生活之中，讓我們分不清楚誰才是「真人」，誰才是「假人」。

但最重要的是，機器人是否不會死亡，他們是否早已獲得永生，實現了人類互古以來追求永生的夢想？

　　當然，科學家可以訂下機器人的「賞味期」。到了若干年後，就要壽終正寢，就好像汽車開久了，最後要報廢。但問題是如果機器人太厲害，他是否可以調整自己的性能，不斷更新，延續壽命？

　　由於中國是人工智能大國，「中國製造」的機器人也許是最厲害、最逼真、最難以分辨，也可能是全球最龐大的群體。這也讓中國人可能最早面對最危險的局面，如果機器人失控，如果機器人要傷害人類，世界最後是否會在機器人的手中被毀滅？

　　這都是中國科幻作家要面對的題材，也是全體中國人要面對的科幻的現實。文學源自生活，但也要高於生活。科幻的文學源於越來越科幻的生活，也是未來中國人要面對的科幻挑戰。

火紅創新能力才是人口紅利

中國不再是擁有最多人口的國家，但卻是創新人口最多的國家。中國的人口紅利不再靠廉價勞工，而是要靠創新能力。這是國家發展的最新趨勢，衝破過去勞動密集、只靠廉價勞工的套路。

中國的動力其實從很多的「微創新」開始。迅速自動充氣與排氣的氣墊牀本來只是露營群體的恩物，但由於方便快捷、收納簡易，成為了很多家庭的標配，為突然而來投宿的親友帶來方便。

也許疫情是創新的意外驅動力。很多人不堪封控的痛苦，都千方百計湧向郊區，在野外安營紮寨，大型的「充電寶」可以為露營生活提供各種動力的來源。從照明到烹飪，都可以支援。華為、小米在這方面都生產很多特大的充電寶，成為露營族的最愛。

刀片電池則是比亞迪電動車在二零二二年的新產品，成為了擊敗特斯拉的秘密武器，銷量領先。背後就是將鋰電池的設計更新，使得車子的續航力更久、更安全。連特斯拉都要向比亞迪進貨，也使得中國在

全球的新能源版圖中名列冠軍。

在照相機行業，長期以來都是日本的佳能（Canon）與尼康（Nikon）稱霸，但如今中國九十後、生於廣東中山、南京大學畢業生劉靖康所創辦的影石（Insta 360）生產的全景運動照相機，顛覆了攝影的傳統，異軍突起，在國際市場上成為最新的寵兒。它在國慶閱兵、冬奧等場合，都拍到其他牌子照相機所無法拍到的照片，讓專業攝影家驚艷，尤其它的性價比奇高，碾壓日本名牌的價格，成為中國創新的一個簽名。

中國創新的特色，往往是善用龐大的市場作為基礎，不斷「嘗試錯誤」（Trial and Error），敢為天下先，與市場密切互動，不斷微調，也不斷大幅變革，敢於記取失敗的教訓，勇往直前，最後奪得勝利創新的果實。

這也是中國人口的最新紅利，不再靠數量，而是靠質量，要有那種「雖千萬人吾往矣」的氣魄。在疫情期間，民間社會也在推動更多的創新動力，如抖音、小紅書上的直播帶貨、爭取流量的各種網絡欄目，都成為中國創新的特色，而網絡電商的變革，在生產鏈

前端對散兵游勇的小工廠作坊加以「數字化轉型」的管理，都成為希音（Shein）的獨特競爭力，價廉物美，在西方社會轟動，而拼多多的國際版 Temu 則迎頭趕上，也吸引了大量的西方粉絲。

事實上，疫情刺激中國的創新能力，也刺激中國企業出海的能力。中國不再迷信「人多好辦事」，而是追求創意與變革的力量，在龐大的壓力下，展現中國人創新的優雅身影，贏得歷史的掌聲。

中日漢字奇緣與文化密碼

　　也許是漢字的緣份，也許是文化的淵源與親近性，中日民間社會的密切交流，總是譜出不少的奇緣。彼此交換生命的碎片，寫出各自生命的奇特篇章，在異鄉的土地上，發現了故鄉漢字的最新詮釋，解開中日文化淵源的密碼。

　　很多從中國到日本發展的人，也許日文完全不會，或是只有薄弱的基礎，但卻仗着漢字的優勢，很快就融入日本社會的主流，在專業的領域上開拓了一片天，終於出人頭地。

　　出生於內蒙的蒼國來，十九歲才到日本，投身相撲界，日文不太會，但他努力學習，不僅掌握日文語言，還熟悉日本的文化。他戰績彪炳，但在事業如日中天之際，卻被一些虛假的指控污衊，說他比賽玩假。但他堅持不認輸，和相撲比賽的主辦方打官司，纏訟多年，才洗刷冤情，並榮膺「部屋」的掌門人。這背後都是他對日本社會遊戲規則的掌握，還有賴他師傅荒汐的人脈，這都靠他流利日文的溝通，讓他在日本

的發展，終於畫上「苦盡甘來」的句點。

出生於瀋陽的官琳，十六歲在東北育才中學參加日語演講比賽，獲得第一名，她後來到日本留學，獲得選美冠軍，並且成為日本 SBC 電視台的日文節目主持人，成為日本媒體界第一位中國籍的主播。她在鏡頭前侃侃而談，沒有人會曉得她是中國人。她也曾在NHK 電視台主持教授中文的節目。官琳是中國新一代用非母語的日文在日本吃「語言飯」的奇葩，也顯示中日文化的奇緣。

和官琳相對應的是日本人西田聰，他在日本中學時期學中文，被中日漢字不同發音的異同所迷惑，他前來中國留學，不但發誓要學好中文，還要用中文來「表演」。他進入了北京的相聲界，拜丁廣泉為師，學習各種繞口令，掌握京片子的兒化音，熟悉各式「罵人不帶髒字」的段子。他不僅學語言，還學習相聲大師的身段與難以言傳的風格。他上台表演，沒有人會曉得他是日本人。他自嘲自己是「假日本人」，其實讓人無法從他的說話中分辨他的國籍。他的粉絲說他其實「比中國人還中國人」。

西田聰是日本「哈華族」的最佳樣板；蒼國來和

官琳則是中國「哈日派」的極致。他們都在對方最道地、最具本土性的領域闖出一片天，贏得一席之地，也贏得熱烈的掌聲。

　　追溯源由，這是漢字的緣份，同字不同音，但都承載了幾千年的文化底蘊，讓彼此分享共同的人文基因。漢字一字跨越兩國，一字兩制，異中有同，也折射了微妙的歷史情懷。

中日揮之不去的奇特情緣

日本與中國的企業關係是愛恨交織，彼此需要，愛中有恨，恨中有愛，即便有時候是若即若離，但最後還都是不離不棄，擁抱在一起。

在疫情期間，離開中國的日本丸龜製麵連鎖店又重新回到神州大地，要大展拳腳，搭上中國疫後「報復性消費」的快車，讓日本的烏冬麵不僅贏得中國人的胃，也要贏得中國人的心。

有些中國人的心往往暗戀日本料理，北京與上海的日料餐廳越開越多，價錢也是偏貴，有些高達每一個人千元人民幣（約一百四十四美元）以上，但仍然門庭若市，反映中國快速上升的消費能量，吃一口新鮮的刺身，也是吃一口東洋昂貴的品味。

但中日合作，其實創造出很多「性價比」很高的產品。日本的「優衣庫」（Uniqlo）就是典型的例子。它是日本設計，中國製造，成為暢銷全球的快速時尚。社長柳井正在二零一三年的資產就高達一百五十五億美元，成為日本的首富，創造了跨國企業的傳奇。

優衣庫的成功，也促成了中國出現一些被稱為「偽日系」的品牌，如「名創優品」（Miniso）、「奈雪的茶」、「元氣森林」等，其實都是中國商家，推出山寨版的日本品牌，雖然引起爭議與網民的譏諷，但最終都贏得市場的成功，顯示日本形象的軟實力。

日本汽車產業也在中國展示硬實力。豐田、本田、日產過去二三十年都在中國的產業鏈製造了比日本還多的汽車，也助力中國成為全球最大的汽車生產國與消費國。中國生產的汽車，過去超過一半是日系的車子，也給日本帶來豐厚的利潤。

但如今中國電動車興起，使得日系的車子承受巨大的壓力。比亞迪電動車二零二二年的產量是一百八十六萬三千輛，成為全球新能源車的冠軍，利潤也暴增四倍，壓倒特斯拉。日本的電動車則是無法進入前五名，顯示中國在汽車製造業的發展賽道上，換道超車，碾壓日本車企。

近年中國在推動鄉村振興。面對農村空洞化，青壯人口流失，往往剩下老弱婦孺，房子破敗，到處是髒亂的景象，一些地方政府借鑑日本農村管理的精細化，重視整潔，找到在地經濟的新支撐。一些敏銳的農村

幹部聯合回鄉創業的企業家，開拓新思路，推動高科技農業，滴灌培植高端農作物，搞地方產品網絡直播，培養網紅，成為中國特色，也讓日本農村艷羨。

日本與中國永遠是彼此的鏡子，在愛恨交織中，都看到彼此的優點與缺點。關鍵還是要緊密交流，讓民間的心相通，才可以衝破政治上的矛盾格局，善用雙方都使用漢字的歷史淵源，分享二十一世紀是亞洲人世紀的未來。

亞洲時刻追尋明天會更好

　　這是外交史罕見的「亞洲時刻」。在約一個星期之內，連續三個東南亞國家舉行國際峰會。柬埔寨的東盟會議、印尼的二十國峰會、泰國的亞洲經合會，都是冠蓋雲集，匯聚了全球的領袖。儘管會議的主題很多，但共同點都是在探索如何讓明天會更好。

　　明天會更好需要新的思路，衝破當前地緣政治的死結，不能只是爾虞我詐，陷入你死我活的零和博弈。這次二十國峰會的能量就是主張合作共贏，凝聚很多的敵人相聚一堂，見面三分情，解決老大難的問題。

　　中美關係如今是一九七九年建交以來最危險的時刻。拜登所推動的單邊主義比特朗普更為兇猛，聯合盟友圍堵中國，表面上是亮出「價值外交」，背後就是要拖慢中國的崛起，築起了新的無形鐵幕，等於是一場新的冷戰。美國一些外交智囊甚至認為，這樣巨大的壓力可以使得中國崩潰。

　　「中國崩潰論」已經說了三十年，但中國的 GDP 估計在二零三零年就會超越美國，更何況美國企業都

反對與中國脫鉤，以實際的行動，加大對華投資。馬斯克的特斯拉電動車在上海設立超級工廠，年產五十萬輛，超過美國與德國的特斯拉工廠的總和。美國的投資巨子達利歐（Ray Dalio）更加押注中國。中美的貿易額不斷升高，都是雄辯的事實，反駁中國崩潰論和中美脫鉤論。

中美博弈，背後是不同管治模式與政治理念的競逐，但這都不應該妨礙互惠的全球化歷程。不容否認，全球化正面對嚴峻挑戰，過去的人才、資金與技術的自由流動如今被政治隔阻。中國提出的命運共同體的理想與實踐就是要打破集團政治，反對美國興建的「小院高牆」，割裂全球。但更重要的是，如何在全球命運一體化的共識下，合作推動創新，加速提升全球的生產力，尋求國際的互贏，不要零和遊戲，不要被過去地緣政治的魔咒所蠱惑。

台海就需要破解戰爭魔咒的殘酷，避免仇恨上升，拒絕被美國挑動兩岸戰火。美國一些智庫近年越來越激進，希望更早掀起台海戰爭，以削弱中國的國力，不惜在台灣推動巷戰的概念，但也導致台灣民眾的覺醒，驚覺七年之前馬英九與習近平在新加坡會面的時

候，全世界沒有人會想到兩岸會發生戰爭，但七年之後，台海被國際媒體標籤為「全球最危險的地方」。這也在呼喚兩岸新的智慧，扭轉當前兵凶戰危的局面。

這需要回歸全球命運共同體的概念。兩岸本來同出一脈，在全球發展中血脈相連，貿易額年年增加，台灣獲得大量順差。很多綠營政客都在兩岸貿易中大發利市，被網民譏諷為「台獨很性感，但身體很誠實」。台海需要和平，「亞洲時刻」要衝破硝煙的迷霧，爭取共贏，追求全球命運共同體的明天會更好。

拉美的歷史悲情與變革激情

　　拉丁美洲是美國的後院？這是美國政界的潛台詞，這塊土地是被美國主宰的附屬品，是美軍隨時進駐、予取予攜的地方。這也是一八二三年美國總統門羅發表「門羅主義」的延伸，強調美洲是美洲人的美洲，不容歐洲或其他外國干預。但歷史的諷刺是：在門羅主義發表二百年後，拉丁美洲仍然是美國的「窮親戚」、「窮鄰居」。

　　這是世界史的弔詭，為何在全球最富裕國家的南方鄰居都是窮困的第三世界，與美國有一種愛恨交織的關係。西方學界在六七十年代就提出「依賴理論」（Dependency Theory），指出美國只是長期從拉美世界掠奪原料，輸入廉價的勞動力。拉丁美洲永遠是邊陲，而美國則永遠是中心，形成不合理的國際經濟的關係。

　　即便到了二十一世紀，拉美在經濟上依然是貧瘠的國度。與美國毗鄰的墨西哥、哥倫比亞等國還淪為了毒品製造大國，供應美國社會的巨大需求，成為一

條奇特的全球化供應鏈。

美國對於這些「芳鄰」都不假以辭色，只要不高興，就會出兵干預，落實「政權變換」（Regime Change）。早在東歐還沒出現「顏色革命」之前，美國的軍事與情報勢力就在拉美非常活躍，不忌葷素，強力介入拉美政治權力的變換，甚至動用各種匪夷所思的手段，巴拿馬、格林納達、多米尼加等國都曾被美軍入侵。

一九七三年智利的政變是獨特的例子。獲得智利多數人民支持上台的民選總統薩爾瓦多·阿葉德（Salvador Allende），卻被美國中情局背後支持的右翼軍人推翻，他在總統府被圍攻時中彈身亡，成為華盛頓武裝干預「美國後院」的犧牲者，也導致智利人民要承受長達十七年獨裁軍頭皮諾切特（Augusto Pinochet）高壓統治的至暗時刻。美國推翻了一位民選的總統，卻長期支持一位獨裁殘暴的將軍，成為拉美政治痛苦的一頁，也展示在赤裸裸的權力邏輯中，美國背棄民主的悲劇。

也許拉美最後的救贖是文學。哥倫比亞作家馬奎斯（Gabriel García Márquez）的《百年孤寂》用魔幻

現實主義的奇特筆法，寫家族的百年之變，穿越前世今生，終於獲得諾貝爾文學獎。只有在文學的國度中，才可以彌補政治國度的遺憾。

拉美被視為激情與悲情混雜的國度，它離天堂太遠，但離美國太近。美國的「後院」成為拉美悲情的「前線」，見證時代變遷的無情，也呼喚中國模式發展的激情。

泰國竹子政治的任性與韌性

　　竹子是泰國政治的暗喻，硬到可以更硬，軟到可以更軟。但軟硬之間，又有很多的可能性，包含感性與耐性，最後是軟硬兼施，渾然一體，展示泰國獨特的風情。

　　從一九三二年開始，泰國經歷了至少二十次政變，權力很任性，坦克開上街頭，但暴力都不會太久，點到即止，背後是王權的折衝力量，無論是雄辯滔滔的民選政客，還是威風凜凜的大將軍，都要在國王面前低頭，維持國家的穩定。

　　泰國這個國家的歷史延綿，歷經兩次世界大戰，是東南亞唯一沒有被列強殖民過的國家，背後就是竹子般的韌性，面對西方帝國主義與日本軍國主義的暴風吹來，都可以堅韌不倒。

　　這次泰國大選反對黨大勝，重挫軍方政府，帶來泰國政治變革的契機。二零一四年靠政變上台的巴育將軍是否最後會再來一次政變，還是重大的懸念。軍方除了暴力，還有很多看不見的制度韌性，也可以依

靠王室的力量反擊。

得票最多的前進黨的皮塔，和得票第二多的貝東丹，正擬籌組聯合政府，不過軍方掌握參議院，而第三大的泰自豪黨也可以發揮「關鍵少數」的力量，最後的變數仍多，但可以肯定的是，泰國的新一代都不滿當前的權力格局，要尋求新的突破。

突破就從文化上的韌性開始，堅持竹子的性格，迎風而立，不懼權力的任性。皮塔領導的前進黨的政綱，敢於觸碰最敏感的王室話題，挑明要廢除「冒犯王室罪」，等於打開了政壇的潘多拉盒子，也讓對手的軍政府有反擊的機會。

但在社交媒體流行的今天，新一代擁有更多話語權，人人一部的智慧型手機成為最新的武器，可以與軍方的坦克對壘。這是另外一種戰爭，爭奪的是人心的戰場，而軍方的勢力並沒有佔得優勢。

新一代政治也擁抱更多的開放，展示泰國社會的任性與韌性，如同性婚姻合法化、對於性工作者的立法保障、跨性別者的法律地位等，都是前進黨的重大主張，要突破各種無形的障礙。

巴育將軍在執政的後期，也開始在這些領域開放，

甚至被譏諷在「黃賭毒」的領域上打開了大門，對外吸引更多的遊客，對內吸引更多特殊行業的業者支持。

泰國的竹子政治也在反思，如何超越長達二十年的「紅黃之爭」。代表農村勢力的紅衫軍與城市專業人士的黃衫軍勢不兩立，昔日兩大陣營在街頭廝殺的鏡頭全球矚目。如今在新世代看來，正是化解矛盾的機緣。

泰國佛教文化的底蘊，心存慈悲，終究要彌合國家的裂痕，不要讓城市中產階級與鄉村農民長期對峙，而是要超越顏色之戰，在人性的怒海中，回頭是岸，發現岸邊的竹林的感性召喚，告別任性，回歸韌性與耐性，才是人間正道的未來。

泰國政治變幻的權力輪迴

　　泰國是世界上最多政變的國家。從一九三二年到二零一四年，爆發了二十多次政變。政權變幻背後，不變的是王權受尊重，民眾期盼國家穩定，經濟發展，讓人民生活美好。佛教的輪迴思想，變成了泰國的權力輪迴，歷盡滄桑，回頭是岸，終究回到渴望秩序與平衡的原點。

　　泰國的王權是核心的力量。儘管是君主立憲國家，但王權與軍方都有獨特的地位，對於民選領袖，形成奇特的制衡。泰國為何有這麼多次政變，但卻沒有出現大規模動亂，都是因為有王室的凝聚力，可以在危難的時刻，帶來主心骨的作用，穩定人心，不怕街頭的坦克橫衝直撞。

　　但泰國永遠要面對眾多內部矛盾。十二年前紅衫軍與黃衫軍的街頭對決，等於是一場內戰。曼谷是黃衫軍的大本營，代表都會中產階級的世界觀與利益；紅衫軍則是來自鄉村的農民，是經濟上的弱勢群體，他們彼此之間看不順眼，在政治上無法找到妥協點，

最後就只有訴諸武鬥。

被政變推翻下台的塔信和乃妹英樂都獲得紅衫軍的熱烈支持，因為塔信的政策向他們傾斜，發放很多的福利，讓農民受惠，但也讓城市的人口覺得不公平，形成了地域與階級矛盾。

泰國的佛教文明重視普度眾生，但在現實生活中，還是有很多無形的階級之別，如泰國的中上階層，家中有十幾個僕人，是稀鬆平常。從城市到鄉下，就發現生活品質的落差很大。

不過由於佛教眾生平等的理念，稀釋了左翼的「階級鬥爭」的觀念與實踐，所以社會主義與共產黨的論述與實踐，都無法進入政治的主流。慈悲、多元化與圓融的價值觀，還是在泰國社會中佔有重要的位置。

但更重要的是，泰國長期都是一個開放的社會，不喜歡偏執的、封閉的世界觀，願意和不同背景的國際朋友交往。泰國人好客，歡迎各地源源不斷的遊客，也造就舉世無雙的旅遊業奇葩。泰國香味四溢的美食、包羅萬象、包容變性者的性產業、鬥雞的賭博業、迷人的自然風景與人文風景，都讓全球遊客驚艷。

泰國當局認為，旅遊業是泰國經濟飆升的引擎，

會推動經濟大幅成長，但如今在全球疫情下，很多旅客止步，泰國的觀光產業鏈中斷，有關的服務行業都哀鴻遍野，經濟衰退，對軍事政府帶來巨大的壓力。

這也帶來反對勢力的一個黃金機會，要求軍政府領袖巴育下台，認為他的任期已經到期。這是一場新的博弈，最後鹿死誰手還不知道，但可以肯定的是，權力的輪迴還在延續，泰國的政變還會不斷出現，但泰國人總會在最危險的時刻，靈光閃現，找到峰迴路轉的出路，維持社會的穩定，回歸秩序與繁榮發展的願景。

喝一碗泰國變革的冬陰功湯

冬陰功湯是泰國菜的簽名，它味道奇特，吸引了全球的「吃貨」，喜歡它很多層次的味道。喝一口冬陰功湯，也是喝一口泰國變革的味道。

泰國社會就是有很多的層次。它是王權、軍權與神權混合，彼此奇妙互動，也在佛教的包容與慈悲中，避免極端化的衝突，形成一種泰國獨特的政治文化。

泰國歷史上的政變很多，但大多進退有度，極力避免血流成河、屍橫遍野的慘劇，最後總是各方勢力各讓一步，尋找「我不滿意、但可以接受」的模式。二零一四年泰國軍頭巴育政變，軍方強勢執政，等於將民主的殿堂拆毀，引起知識分子與自由派的不滿，但由於王室背後支持軍方，最後社會還是回復穩定，民眾也樂見坦克車從街頭消失，大家可以好好的過日子。

儘管社會上抗議的暗流不少，但民間反而在政治以外的領域勇猛前進。

性的開放與寬容，也是泰國的傳統。在其他國家

被排擠、甚至被追殺的「性小眾」都可以在泰國找到生存的空間，如轉性者的權利，都自有發展的天地，甚至在華人的圈子冠上「人妖」的稱號，繪影繪聲，但泰國人對此見怪不怪，其怪自敗。

近年泰國影視業在全球也異軍突起，往往靠「耽美」的題材，也就是強調美少年的同志故事。年前的電視劇《因為我們天生一對》拍出其他國家所無法表達的風情，似乎展示泰國社會的開放，衝出了軍事統治的刻板印象，可以比很多其他的「民主國家」更加自由。

這次泰國軍政府准許大麻與同婚合法化，乍看令人不解。但其實在實踐層面，泰國早就有很多的灰色地帶，做了不要說，說了還是可以做。如今是正式准許，但法律上如何落實，還是要靠泰國文化的平常心，有更多的慈悲與包涵。

社會的開放措施也反映軍政府拉攏民意的司馬昭之心，尤其是城市的中產階級，過去都對鄉村的選民不滿，一度出現城市的「黃衫軍」對峙農村的「紅衫軍」，但在追求自由的生活方式上，泰國人都有更多的包容與涵養，不會對不同性取向加以歧視，不會死

啃到底的對抗。

這也許就像那一碗冬陰功湯，將很多不同屬性的食材與香料融合在一起，第一次品嚐，都會被那些極為矛盾的味道所鎮住，但也逐漸體會那種在矛盾中統一的風味。這也許是泰國變革的特色。這個六千多萬人的國家沒有在疫情與全球經濟不景氣的夾擊中氣餒，而是另創心法，在曲徑通幽的社會變革中，找到新的發展支點。給我一個感情的支點，我就可以撐起一個國家的崛起。這也是泰國最新的軟實力，以柔制剛，化解軍權暴烈的後遺症。

跋：中文是世界探索未來的鑰匙

美國著名的投資高手、量子基金的創辦人羅傑斯（Jim Rogers）的兩名小孩從小就學中文，說字正腔圓的普通話，寫書法，唱周杰倫的《龍捲風》，是道地的中國通。羅傑斯很自豪的說，他這兩位掌握中文的千金是他生命中最佳的投資。

他說中文是打開未來之門的鑰匙，因為中國就是世界的未來。他每次帶女兒到中國去，都會讓她們登台表演，上電視台的節目，背一首唐詩，說一段繞口令，都讓觀眾驚艷，發現兩個長得像洋娃娃的美國女孩，卻是「比中國人還中國人」。

這都因為世界正在驚艷中國，發現這個國家近二三十年來突飛猛進，尤其過去十年間快速崛起。儘管美國近年對中國加以圍堵壓制，但美國投資界還是押注中國，從羅傑斯到達利歐到巴菲特，都在中國有大量投資。資本無祖國，穿越政治與意識形態的疆界，哪裏有機會，哪裏就會有投資家的身影。

投資者身影背後就是語言的身影。他們要了解中

國的文化與歷史，要深入這個全球唯一歷史沒有中斷過的文明古國，如何煥發創新的力量。中文成為全球炙手可熱的語言，美國、歐洲、日本、韓國的中文熱潮方興未艾。在中國的電視綜藝節目《非正式會談》上，來自十幾個國家的「老外」圍着一張長方形的桌子開會，用中文彼此調侃，開各種文化碰撞的玩笑。他們不少是留華學生、專業人士，往往是成年之後才學中文，但都說得非常流利，可以用中文來說笑話，大家笑成一團。

但最讓人感到意外的是，越來越多「老外」用中文寫作。《亞洲週刊》的專欄就有很多「非華人」的作家，包括日本的本田善彥、高橋政陽，韓國的金珍鎬，哈薩克斯坦的葉爾肯（Yerkin Nazarbay）等，都寫流暢的中文。有些「老外」還要闖進文學創作的殿堂，像旅居北京的秘魯作家莫沫（Isolda Morillo），就出版了一本中文小說《理想情人》，吸引了不少眼球。

這就像英語世界出現很多不是以英文為母語的作家，卻在英語文學的天地闖出一片天，如早年的林語堂、熊式一等，近年則有哈金、裘小龍、李翊雲等。他們都是用「過繼來的舌頭」（Adopted Tongue），

寫他們在跨文化世界的探險，寫出母語作家所看不到的風景。

中文的寫作世界也歡迎很多「老外」的新移民，因為中文本來就是一個開放的園地。唐代的李白生於中亞的碎葉城，中文也許不是他的母語，但卻成為「詩仙」。日本、韓國、越南的政治領袖，從伊藤博文到李承晚到胡志明，都會寫漢詩。新一代的「老外」也可以用中文馳騁在靈感的草原上，發現文化激盪的新世界。